装备科技译著出版基金

物联网发展与创新

Internet of Things:Evolutions and Innovations

［法］纳斯雷丁·布哈伊(Nasreddine Bouhaï)

［法］伊马德·萨利赫(Imad Saleh)　　　主编

刘卫星　王传双　方建华　译

张余清　审校

国防工业出版社

·北京·

著作权合同登记　图字:军-2018-065号

图书在版编目(CIP)数据

物联网发展与创新/(法)纳斯雷丁·布哈伊
(Nasreddine Bouhaï),(法)伊马德·萨利赫
(Imad Saleh)主编;刘卫星,王传双,方建华译. —
北京:国防工业出版社,2020.8
书名原文:Internet of Things:Evolutions and
Innovations
ISBN 978-7-118-12043-1

Ⅰ.①物…　Ⅱ.①纳…②伊…③刘…④王…⑤方…
Ⅲ.①互联网络—应用—研究②智能技术—应用—研究
Ⅳ.①TP393.4②TP18

中国版本图书馆 CIP 数据核字(2020)第 069717 号

※

国防工业出版社出版发行

(北京市海淀区紫竹院南路 23 号　邮政编码 100048)
三河市腾飞印务有限公司印刷
新华书店经售

＊

开本 710×1000　1/16　印张 10¾　字数 187 千字
2020 年 8 月第 1 版第 1 次印刷　印数 1—2000 册　定价 108.00 元

(本书如有印装错误,我社负责调换)

国防书店:(010)88540777　　书店传真:(010)88540776
发行业务:(010)88540717　　发行传真:(010)88540762

译者序

随着物联网、大数据、信息科学等先进技术的发展,武器装备效能将大大得到提升。物联网技术应用于国防装备的使用、管理、调控等方面,具有很高的军事应用价值。目前,物联网技术是当之无愧的国防现代化和武器装备现代化需要的新技术。因此,我们翻译了《物联网发展与创新》(*Internet of Things:Evolutions and Innovations*)。

本书提供了一系列有关连接对象/交互对象("超对象")的分析、思考、研究成果和典型示例,以及它们为信息与通信科学所提供的研究与实验前景,提出分析了物联网有待解决的网络中对象的精确识别、标准化、数据传输协议规范、机对机(M2M)通信、加密与安全、法律体系和物联网体系架构等科学问题,阐述了物联网的不同范式以及一些文献中所确立的物联网与多智能体系统之间的关系。对物联网使用可视化的问题进行了讨论,使得以一种简单和直观的方式得出决策成为可能,以便于公司实时做出对策,提高绩效,发现问题,规避风险。通过对 Chris Dancy 的体验的介绍,探究了信息技术如何融入人们日常生活的相关内容,研究了连接对象如何改变一个人与其身体之间的关系、人机关系等,增加与社交媒体的互动频率。通过福岛核事故这个实例,介绍了物联网和社交媒体在灾难造成危机情况下的重大作用:日本民众依靠社交媒体检测不同地区的放射性污染程度,并对实际解决办法进行评估,使用社交媒体进行信息传播共享,以确保他们的日常生活。介绍了物联网如何通过电子健康监控媒介改变我们与自己身体的关系,并通过整合数据来追踪人体的问题,使人体成为超控制和自我控制之间的交互对象。

本书具有极高的学术价值,Nasreddine Bouhaï 和 Imad Saleh 是法国圣丹尼斯巴黎第八大学信息与通信科学教授,为 Paragrahphe 实验室研究员,其他的编写者在物联网技术研究上也造诣颇深,代表了当前法国物联网技术研究的前沿。

本译著的出版将对我国物联网领域,包括标准规范研究、数据传输协议制定、安全加密研究等发展起到推进作用。

本书的版权引进和出版得到装备科技译著出版基金的资助,在此表示衷心感谢。

本书涉及的内容多,专业性强,加之译者水平有限,不当之处在所难免,敬请读者批评指正。

译　者

2020 年 3 月

前　言

随着越来越多的新产品上市,物体互联和物体间的交互也在不断发展。物联网(IoT)的这种演变,正在为信息和通信科学的研究探索创造出更多的领域。在"超连接"的世界中,物联网通过各种各样的连接对象(也称"超对象"),不断更新并解决着由新技术和数字变异带来的风险。上述连接对象,也就是所说的互联的物体,通常具有双重功能:首先是连接;其次是交互,期望它们对用户做出积极响应,满足用户对服务、通信及信息方面日趋增长的需求。

物联网特指一些新的对象(超对象)与服务,它们是物理世界在进入数字世界时的逻辑延伸,此过程会伴随着大量信息的产生,这些信息同时也会被我们获取。

本书将提供一系列有关连接对象/交互对象("超对象")的分析、思考、研究成果和典型示例,以及它们为信息与通信科学所提供的研究与实验前景。这些对象所生成的数据属于"大数据"的范畴,这又是另一个相关论题。

一些章节依据 H2PTM 国际会议的论文进行了扩展和更新。

第 1 章,作者 Nasreddine Bouhaï 定义了物联网学科,并概述了连接对象的具体示例,这些示例不管对人们的日常生活,还是艺术和文化世界都有着重要的意义。这里的概述主要聚焦于:这些新的对象("超对象")正大量涌入当今市场;它们是如何闯入并干扰用户私人生活的;当未来这种生态系统成为现实时,该如何确保安全,是个十分关键的问题。

第 2 章,Ioan Roxin 和 Aymeric Bouchereau 首先介绍了从传统网络向动态的、社会化的、语义性的网络和面向互联对象(CO)发展的历史与技术背景。之后,他们通过日常生活中物联网的示例解释了物联网的定义和概念。

第 3 章,Ioan Roxin 和 Aymeric Bouchereau 通过介绍互联对象世界中与环境、技术架构和协议相关的元素,更多地阐述了物联网技术方面的问题。他们提出了有待解决的主要科学问题:精确识别网络中的每一个对象,实现标准化,最终是规范数据传输协议、机对机(M2M)通信、加密与安全、法律体系和物联网体系架构等。

第 4 章,Florent Carlier 和 Valérie Renault 阐述了物联网的不同范式,以及相

关文献中所确立的物联网与多智能体系统之间的关系。为了展示一个多嵌入式代理平台——Trisell 3S,他们论证了两个领域的不同范式和规范,特别是 MQTT 协议、D-bus 协议和 FIPA-ACL 规范是如何同时被认可和共存的。通过一组互联的"屏幕砖"可重建一个交互式并可重新设定参数的屏幕墙,在这个平台上由物联网应用程序进行了真实环境下的实验。通过讨论分布式生态分辨率 N-Puzzle (Taquin)算法,并将其应用到一个 Taquin 视频解决方案中来说明其如何应用。

第 5 章,主题是物联网信息可视化。Adilson Luiz Pinto 等又引回到了物联网使用可视化的重要性和相关性这个话题。来自物联网的数据可视化和开发,将越来越引起用户和诸多公司的兴趣。在技术集成和数据可视化方面的优化使得图形、表格、地图等关键信息的显示成为可能,这就有可能以一种简单、直观的方式得出决策,这对于企业来说是非常重要的,这样才能实时地做出对策,提高绩效,并可以发现机遇和问题,使公司规避现实风险。

第 6 章,由 Marie-Julie 和 Catoir-Brisson 编写。通过 Chris Dancy 的体验,对"自我量化"的主题进行了研究。本章对理解信息技术是如何融入人们日常生活的相关内容进行了分析探究,研究了社交媒体是如何改变人与其身体之间的关系、人机关系等,这些大大增加了与社交媒体网络的互动频率。为了把握这个问题所带来的多重风险,本章提出了一种跨学科的方法,即由符号学、设计学和传播学等组成的方法。

第 7 章,Antonin Segault、Federico Tajariol 和 Ioan Roxin 对福岛核事故发生后社交媒体传播信息进行了研究。他们研究了核事故发生后如何使用社交媒体,简称 SCOPANUM(社交媒体在核灾难事故后阶段的传播策略)。在 7.2 节介绍了物联网之后,7.3 节回顾了在灾害造成的危机局势中社交媒体的作用原理,7.4 节~7.9 节描述了研究的背景、方法和成果。

第 8 章,Florent Di Bartolo 根据交互对象的不透明性和透明性剖析了其存在模式和操作模式。首先,讨论了连接对象对其关联环境的敏感性,定义了连接对象与用户关系的类型。然后,分析了构建物联网的假象:它使交互对象表现为被施了魔法一样,艺术家和设计师解构开发这些数字技术和数据,并进行获取、传送和转化,使之成为新的可见的形式。

第 9 章,Evelyne Lombardo 和 Christophe Guion 探讨了物联网中人体的状态。首先分析了物联网如何通过电子健康监控媒介改变我们与自己身体的关系,然后提出了通过整合数据来追踪人体的问题。随之,为了研究这些被监控又不可遗忘的人体,又回到了围绕人体的云数据概念,回到了人体在网络中的相互作用。在 9.7 节中,将网中的人体描述为超控制和自我控制之间的交互对象。

目　录

第1章　物联网:渗透入侵还是不可或缺的对象?

1.1　引　言

　　20 世纪 70 年代,比尔·盖茨指出:"每张桌子和每户人家都有一台计算机。"80 年代,世界进入了计算机科学时代,这种计算机大众化尽管在第三世界国家还没有实现,但在发达国家已成为现实,这是由不同国家在数字和技术上的鸿沟所确定的一种状态。新的计算机科学以及电信、电子产品小型化等技术进步导致了新的解决方案出现,同时伴随着新的芯片、电子电路、计算机系统、通信协议的产生,移动电话、新的小而紧凑器件及便携式产品的普及也促进了这些新型技术的发展。智能手机就是这一发展变化的主要体现,它整合了计算机的所有功能和服务,使众多的人类群体能够交流和交互。此外,随着过去几年联网表链的出现,我们已真正处于连接和佩戴便携式设备的时代。

　　与计算机和手机的发展相反,物联网的概念在不同的制造商(苹果、微软、IBM、戴尔、惠普等)之间并没有太大的不同,其概念更为宽泛,它是指通过互联网来管理实时和专业事务的一种新的生活方式。现在的环境对商家和初创企业来说更加开放,使其更便于创新并提供新的服务和技术。然而,主流公司已占领了这个领域的先机:例如,思科公司在网络、谷歌公司在大数据管理、微软公司在云计算、英特尔公司在微处理器方面都有着自己的优势。很明显,上面提及的物联网的发展和投资,预示着物联网将有一个光明但仍有待发现的未来,这将揭示出这是一场变革,或者是一种技术潮流,这些研究的目标之一是改变用途,甚至创造新的用途。

1.2　小型化与技术进步的时代

　　多年来,计算机和移动电话的发展一直是技术选择中的两个主角,这使得创新项目不断进入市场,越来越精致的小型化设备令人惊叹。ENIAC① 是第一台

---

　　①　电子数字积分分析器和计算机的缩写。

本章作者:Nasreddine Bouhaï。

1

电子计算机,用于模拟机械计算器①,占地 100m²。后来,宾夕法尼亚大学的一个研究小组开发出了一台大小相当于单个集成电路芯片的 ENIAC 计算机的超小型版本(图 1.1)。

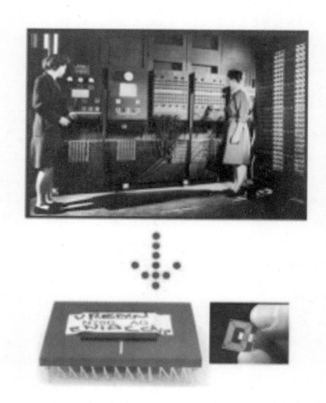

图 1.1　ENIAC 的微型版本

在过去的几十年里,随着巨大的技术进步,智能手机问世了。从 1973 年第一部移动电话摩托罗拉 DynaTAC 8000X② 的试通话,到三星公司最新推出的超全面轻型智能手机③,呈指数级在不同层次上进展(图 1.2),分别体现在计算能力、设计、人机工程、能耗等方面。这些进步使人类与其周围的对象和环境的关系发生了相当大的变化,改变了每一个人日常生活及相应的生活方式。

---

① 　http://www.computerhistory.org/revolution/birth-of-the-computer/4/78。

② 　actu-smartphones.com/24/le-premier-portable-au-monde-le-motorola-dynatac-8000x/。

③ 　www.samsung.com/fr/galaxys6/。

图 1.2　移动电话的发展

1.3　数字生态系统的历史

　　互联网的历史是丰富多彩的,作为一个开放的系统,它的发展道路使其发展成为永恒。尽管它还很年轻(自网络推出至今只有 25 年),但这个网络始终让我们感到神奇,这主要是得益来自不同研究领域的工程师和开发团队的共同努力,他们在计算机科学、电信,尤其是电子学方面取得了卓越的成果。这些团队以协作和参与的精神,将创新与满足用户需求联系起来。虽然这个网络的起源和想法可以追溯到 50 多年前,但它最著名的服务——Web 在 20 世纪 90 年代初

3

的正式投入使用,才真正激发了人们的热情。随着超文本链接语言(HTML)①的发展,多媒体超文本格式系统辅助了这场革命,这可以整合文本、图像,尤其是文本与文档片段之间的链接。互联网功能的扩展已经进入了一个新的维度,提供了新的经验和新的用途,同时也有新的困难产生,即在变化莫测和扩展无常的链接[BAL96]空间中实施导引和跟踪。

基于互联网的构想,几个层已经添加到第一个版本的 Web 之中。可将 Web 发展分为3个基本步骤:

(1) Web 1.0:以20世纪90年代静态、被动网络的首次亮相为代表,其被动特性尤为重要,它提供了以文件引用为目的的信息网页间的基本导引。这个步骤的特点是所用的语言 HTML② 简单明了。

(2) Web 2.0(称为协作网):20世纪末21世纪初的协作网是由博客、论坛和内容管理系统(CMS)组成的网络,网络进入了活跃的模式,用户成为文本内容的参与者和作者,他们发挥了积极的促进作用,并拥有了新的数字工具。

(3) Web 3.0:即当前的网络,其中语义学和连接对象是两种主要技术。

从 Web 1.0 到 Web 3.0,到超媒体[BAL 96]再到超级对象③,互联网已经从基于信息发展到基于对象,从连接文档的互联网发展到连接物理或数字对象(文件和信息)的互联网。它是一个交互和自治的生态系统,其不同对象易于识别,并且按照标准化的协议进行安全交互。在物物相连的网络④中,连接对象的行为和交互产生了大量数据,网络已着手对这些数据进行跟踪处理。按照工程的方法,从数字处理的角度来看,产生了另一个与海量数据有关的领域,即大数据。

1.4　物联网如何定义?

物联网(IoT)是指一个不断扩展的网络,任意连接到该网络上的物质对象可以被识别确认,就像识别诸如台式计算机、平板电脑、智能手机等日常传统设备一样。目前,物联网被视为是一场新的技术变革,根据 Weil Souissi[WEI 10]的说法,可简单定义如下:

"物联网是当前互联网的扩展,它将交互对象拓展为能够直接或间接与上

---

① 　超文本链接标示语言(超文本格式),https://www.w3.org/MarkUp/。

② 　20世纪90年代由 TimBerners-Lee 创作了超文本链接标示语言(超文本格式)。

③ 　巴黎2016年国际 h2ptm 主题会议,http://h2ptm.univ-paris8.fr。

④ 　不同的连接对象被连接到相互隔离的小网络上。

网电子设备相连交互的所有对象。"

　　物联网的正式定义仍有待于挖掘,这也是该领域参与者的一项职责。虽然整体概念及其组成部分是众所周知的,例如,数据流通信和与之相关的协议,但是,物联网如何定义仍需做大量工作。

　　最近,科技巨头谷歌公司开发了"Brillo",一个用于处理物联网外围设备的平台。它能够对内存和处理器进行高质优化,包括 Wi-Fi 和蓝牙,它来自"安卓"操作系统。其他公司也在这一领域进行了投资,三星公司的 Artik 和华为公司的敏捷物联网平台(Agile),都是为物联网服务的。包括微软公司也开发了Windows 10的新版本。这表明,大型科技公司都对互联网的新扩展感兴趣。

1.5　连接对象的安全性:风险与挑战

　　数据安全是物联网大规模发展的关键,也是最大障碍之一。像互联网一样,安全也是一个永恒不变的研究课题。该问题的提出,已在逻辑上转移到对连接对象所发送或接收数据的保护上,同时,不同的参与者在这个新的生态系统中也面临着巨大技术挑战。

　　我们经常看到,数字风险是一个反复出现的问题,特别是在互联网上,黑客通常通过远程接入并管控机器,对网站、邮件服务器、电子邮件账户进行攻击。这种不安全感在逻辑上已延伸到物联网,像连接的计算机一样,任何连接的对象都可能成为黑客攻击的对象。由于无法控制和限制这一生态系统的发展,因此有必要寻找并提出保护这些对象的网络安全策略,以填补所检测到的安全漏洞。

　　电信部门在保护这些对象(物与物、物与人)通信安全方面的作用是最重要的,过去是而且现在仍然是,他们也有责任尽最大努力解决互联网的安全问题,其角色和软件开发人员的角色一样重要。

1.6　协议、标准和兼容性:走向技术融合

　　在这个新兴市场,该领域的产业者之间所期待已久的共识(能够使许多产品彼此兼容,以便进行通信和交换数据)尚未达成。目前,每一家企业都使用自己的技术解决方案,三星公司生产的产品无法与 LG 的产品进行交换,会出现这样的情况,即从一个品牌的电视到另一个品牌的电视,信息不能自动显示。最近,一些制造商①的专业研究人员研讨了与互联网相连对象的生产标准问题,要允许这些对象相互读懂,并确定多个对象之间的连接性和互操作性需求,这也是

---

　　①　包括微软(Microsoft)、三星(Samsung)、英特尔(Intel)和大约50家其他公司在内的一批大型公司。

技术融合的需求,其中规范和标准是一个中心问题:

"标准化(规范化)是随着文化、工业、经济的发展,特别是数字全球化而不可避免的概念"[FAB 13]。

规范和标准的概念在欧洲存在,在美国有着同样的说法。众所周知,规范是由 ISO①、ECS②、AFNOR③ 或 IEEE④ 等官方国际标准化组织公布的参考架构;标准可以描述为是由若干代表人物和知情用户倡导的、在实际中广泛传播使用的一系列建议。网络中使用的格式 HTML(W^3C)⑤就是这方面最好的范例。

由于物联网的世界被众多的协议所掩盖,所以很难列出其详尽的内容清单,但是一旦将一些规范或标准大规模整合纳入未来的研究项目之中,就可以迅速制定出大量不同的解决方案。在这个快速发展的市场上,仍有许多假设有待证实。一些解决方案已经上市,另一些正处于开发和验证过程中,这些方案都是以其有效性和实施简单化为目标的,这是小型企业和初创企业加入物联网市场的一个重要基点,其目的还是为了寻找成本最低的交互解决方案,在有效、简洁、低成本的要求下达成协议。目标就是为了使他们产品的效益和效能在蓬勃发展的市场⑥中创建一席之地和声望。

在通信方面,便携式的产品通常最适用的是无线连接。Wi-Fi⑦ 及其演变体是目前越来越流行的技术,可用于室内短距离/中距离通信⑧,并与蓝牙一起作为一种短距离⑨通信技术。许多协议⑩补充了这两种技术,甚至与它们产生了竞争,其中一些具有减少能源消耗等优点⑪:

(1) Wi-Fi 直连⑫:与普通 Wi-Fi 不同,直连 Wi-Fi 能够通过接入点(如互联

---

① 国际标准化组织(International Organization for Standardization),http://www. ISO.Org。

② 欧洲标准化委员会(The European Committee for Standardizatio),http://www.cen.eu。

③ 法国标准化协会(French Standardization Association),http://www.afnor.org。

④ 电气和电子工程师学会(Institute of Electrical and Electronics Engineers),https://www.ieee.org。

⑤ 万维网联盟(World Wide Web Consortium),https://www. W3.ORG。

⑥ 数字市场专家(MARKASS)2015—2016 年的研究,《相互关联的对象和价值化——2016 年趋势》,http://www.markess.com/。

⑦ 无线保真度的规范。

⑧ 从室内几十米到室外几千米。

⑨ 十几米。

⑩ http://www. wi6labs. com/2016/03/16/quelle-technologie-radio-pour-les-objects-connectespremiere-partie/。

⑪ http://www. wi6labs. com/2016/03/16/quelle-technologie-radio-pour-les-objects-connectestwoieme-partie/。

⑫ http://www.wi-fi.org/discover-wi-fi/wi-fi-direct。

网箱）连接相关对象，它提供了两个对象之间的直接连接。

（2）蓝牙 LE/Smart①：它被认为是蓝牙的补充，它具有低能耗、低覆盖度和较低的输出，是用于某些类型连接对象的解决方案。

（3）蓝牙 aptx：一种通过转码以高于 350Kb/s 的速率进行音频广播的通信装置，编解码器用于声音的压缩和扩散，其中发射机和接收器必须兼容。

（4）ZigBee②：该解决方案③提供了低能耗的连接，很容易嵌入到各种连接对象中，具有 250Kb/s 的低比特率和约 100m 的短覆盖范围。

（5）近场通信（NFC）④：是近距离通信的一种解决方案（距离几厘米），该协议的优点是芯片微型化，并能够使用嵌入式加密保护交换。多用途，非接触式指令等。

（6）Z 波⑤：这种无线协议解决方案使得连接多个设备成为可能，它可以双向地发送和接收数据，适用于家庭自动化，室内覆盖 30m，室外 100m。

（7）Thread：由三星和 Nest 实验室建立，是前面提到的技术的竞争对手，其消耗很少的能源，是家庭自动化连接的解决方案。它将网络中的不同对象和设备连接起来，并连接到互联网。包括芯科实验室和谷歌公司在内的合作联盟已赋予它重要的地位，在制定未来规范和标准中发挥着重要作用。

1.7　人性化、智能化和高科技

1.7.1　作为援助创新的众筹

为使一个创新项目成功，筹集资金，尤其是对于那些没有活动史、没有先进思想、没有全球范围内工程的年轻公司来说，并不是一件容易的事。随着物联网的到来，这种融资的热情是前所未有的⑥。众筹可以在没有太多限制的情况下筹集资金，既是一项原始的原则，也是一种创新办法，更是一种支撑具有强大技术潜力创新项目的时尚解决方案。例如，创业咨询公司 Looksee⑦ 正在致力于 Eyecatcher项目，这是一个结合设计、时尚和技术创新的智能手镯（图 1.3 和图 1.4）。

---

① 　如有 LE 支持低能耗。

② 　名为 IEEE 802.15.4。

③ 　http://www.zigbee.org/。

④ 　用于近场通信，资料来源：http://nearfieldcommunication.org/。

⑤ 　http://www.z-wave e.com/。

⑥ 　统计自 2011 年以来一直在变化，资料来源：http://www.leguideducrowdfunding。

⑦ 　http://www.lookseelpos.com。

图 1.3　Eyecatcher 手镯，实时显示各类通知和消息

图 1.4　时尚模式下的 Eyecatcher 手镯

　　该项目的创意和创新已经吸引了 400 多人参与"群众募资"（Kickstarter）这一分享平台，参加者为支持这个项目已筹集了数千万美元，而该项目的创建者只要求提供这一数额的 2/3。该项目的创新在于其电子墨（数字墨水）屏幕的低能耗水平，可通过蓝牙与智能手机应用程序进行通信，可以发送照片、设计方案等，最重要的是能够通过编程发送诸如电子邮件、日程安排等类型的通知。

1.7.2　分享式环境传感器与市民

　　绿色手表项目（Green Watch Project）是连接对象领域的一个开创性项目，是学术机构和实业家共同研发的成果。这个项目，可概括为将一组市民可分享使用传感器,应用于城市环境臭氧和噪声水平的测量之中,其中 Paragraphe 实验室是其实现的关键要素之一。这个项目是分享式研究和实验科学的一部分,目的是重新思考个体与环境之间的关系。

绿色手表项目的技术和实验包括两种传感器的使用:一种是臭氧;另一种是噪声。地理定位是用 GPS 芯片完成的,这是获取用户坐标所必需的,数据通信通过移动终端(手机)与蓝牙芯片来进行。

该体系结构①(图 1.5)为数据的测量、记录并将数据传送到在线处理平台与可视化绘制平台②(图 1.6)提供了可能。

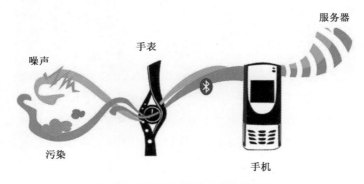

图 1.5　绿色手表项目的体系结构

用于监测环境的连接对象在许多情况下都能显示出它们的效能,例如,在核灾难期间,高风险地区的采样可以实现全自动化,日本福岛的情况就是如此。在这个示例中,公民在互联网和社会网络上进行搜索,以了解污染的危险程度,并采取相应的对策。同时,在事故地区安装了若干辐射测量计,以便实时测量辐射量,并连接到互联网网络,将测量结果公布在社交媒体[SEG 15]上。

1.7.3　当数字艺术进入连接模式时

幻想小说 *d' Issy*③ 是一部创作性和互动性的小说,它致力于数字创作,于 2005 年创作,在"魔方节"期间面世。该项目方法的创新之处在于用移动电话将文本生成器[BAL 06]连接到读者,并与通信工具组合在一起,刊登的文本通过移动电话显示在 Issy-lesMoulineaux 镇里电子信息牌上(图 1.7),这是此类型数

---

①　http://www. linformaticien. com/actualites/id/6409/la-montre-verte-le-capteur-individuel environ-nemental.aspx。

②　http://fing.org/? Le-succes-de-la-Montre-verte。

③　http://lecube.com/fr/fictions-d-issy-jean-pierre-balpe_444。

图 1.6　从手表传感器中得到的地图数据

字装置应用的首例。这个相互连接的艺术作品是生活艺术领域的先驱①。它讲述的爱情故事是根据两个人物的生活片段陆续创作的,故事的主人在该城市景观中不断演化。

图 1.7　参与幻想小说 *d'Issy* 的显示面板②

　　这一通过连接展开创作的原理是,读者通过移动电话,并使用键盘上的按键,连续地生成文本片段(图 1.8),读者选择片段的内容是影响故事如何展开的关键,从而使读者转变为一个故事的积极参与者。

---

①　一种特定于数字媒体的表达形式,http://lecube.com/fr/living-artlab_154。

②　http://lecube.com/fr/fictions-d-issy-jean-pierre-balpe_444。

图 1.8　在城镇信息板上的故事片段①

1.7.4　用于连接和交互环境的家庭自动化

在过去,建造智能城市的成本太高,而且只有少数人可以接触到,其解决方案需要专业公司参与,对设备进行集成和调整需要繁琐的过程。随着物联网的出现,家庭自动化已经取得了巨大的进步,现在已经变得简单和廉价,人们只需选择与最优的家庭自动化对象②兼容的中央控制设备(家庭总线器)即可。家庭自动化是市场上投入最多的领域,从互联网、网络革命和视频监控诞生的第一天开始,它就一直没有停止过。我们现在有了一个相互联系、相互交流的栖息地,甚至可以毫不夸张地说是智能的栖息地,因为在这场变革中,涉及到的安全、能源、照明、健康等几个领域③。

智能手机已经成为家庭自动化的接口、访问与控制手段。它是一个简单易用的应用程序接口,可用于组件的管理。一个相关的例子是,在类似美国 Kwikset④ 公司的"Kevo"智能锁出现后,可以远程遥控门的打开或关闭,而不需要门钥匙(图 1.9)。这类物品对日常生活的贡献是不可否认的。如果有人按门铃,你就会通过智能手机知道,此时,你不再需要呆在家里让访客(如修理工)进到家里来,用一个相连的摄像头就可远程与他通话。

---

① 　http://lecube.com/fr/fictions-d-issy-jean-pierre-balpe_444。

② 　有许多产品和兼容产品,如飞利浦公司、Netatmo 公司、玻色公司、欧司朗公司、Sonos 公司的产品,http://www. usine-digitale. fr/article/smartthings-bras-arme-de-samsungdans-l-Internet-des-objects-mise-sur-la-securite-de-la-maison.N347584。

③ 　对其他领域开放的简要清单。

④ 　http://www.kwikset.com/kevo/。

图 1.9　美国 Kwikset 公司的 Kevo 智能锁

　　智能相机是所创建的一系列连接对象中的一种,它无疑解决了个人和专业人员的安全需要,他们挑战内置 IP 摄像头并远程访问传统视频监控。新一代产品的进化是显而易见的:Withings① 的 HD Home 是一种融合了视频识别算法和夜视技术的摄影机(图 1.10),另一个功能是音频分析,它可以分辨特定的声音,如孩子们的哭声。

图 1.10　Withings HD Home 智能视频监控

　　这些连接对象与用户之间的交互,是通过智能手机进行"对象↔用户"通信来完成的,并通过传感器传输物体周围环境的数据,包括对温度、湿度、环境空气质量的连续测量,还能通过与其他对象的通信来执行其他操作。

---

　　①　http://www.withings.com/eu/fr/products/home。

1.7.5　连接对象,向增强型人类迈出的一步

在瑞典,用本地货币付款几乎已过时,在弥撒期间给教堂捐款,或者买一块面包或一杯咖啡,现在都是用超现代的方法来完成的。令人惊讶的是,可用植入皮下的芯片进行非接触式支付(图 1.11),要付款,你只需在付款终端出示你的手,一些企业正在实验仅限于单位自助餐厅的解决方案。一家加拿大体育俱乐部现在允许其会员植入数据有限的芯片进入体育场①,这一实验说明了许多关于增强个体的概念,它提供了未来一瞥,比我们想象的更前进了一步。目前正在考虑其他可能性,因为个人、财务和其他数据都可以被加载到电子芯片上。

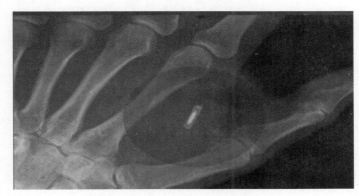

图 1.11　植入手皮肤下的芯片图②

使用连接手镯,通过活动传感器和具有(自动)监视功能的微芯片的植入,人类实现了越来越多的超级连接。"量化自我"的领域和 Chris Dancy③ 的例子说明了很多问题。[MER 13]中的 Individn-Data 显示了一种错综复杂的状态,这就是人类可以用来自连接对象的大量数据来维护其生存,以及用一种健康的方式解释和使用这些数据。

这就引发了有关连入网络的人的许多问题,也提出了关于这种生活方式的问题:安全、私生活、嵌入的个人资料等。当谈到技术创新的时候,社会分歧是无所不在的,由于老年人不密切关注这些技术变化,往往发现自己处于这些新用途的边缘,在社会上就会遇到困难,然而跟随社会进化的是多数人而不是少数人,

---

① 　http://www.lapresse.ca/actualites/insolite/201604/26/01-4975217-une-puce-sous-la-peaupour-entrer-au-stade.php。

② 　http://www.journaldugeek.com/2015/02/12/societe-suedoise-implante-puces-rfid-sous-lapeau-desalaries/。

③ 　http://www.chrisdancy.com/。

我们已经生活了一段时间的数字社会更是如此。

连接对象的另一种可能是成为一种支付方式,就像其他任何一种方式一样。万事达卡公司(MasterCard)正在研究如何将支付嵌入不同的时尚饰品或其他对象,如手镯、戒指和智能手表①(图 1.12)。

图 1.12　通过智能手表付款

1.8　结　　论

近年来发生的技术变革彻底改变了计算概念。以前,精力主要集中在办公室计算机、智能手机、便携式计算机、平板电脑和其他类似产品的开发上。变化现在在另一个层面上发生,产品越来越多地关注满足消费者日常生活中的需求;产品不再那么笨重,而是设计精巧,形状可以与用户环境匹配,或者在他们身体里面,或者在他们身上。这一时期伴随着科技行业的进步,例如最近在市场上市的灵活触摸屏(现在已用于智能手表),使计算机产品和这些新的微型智能设备之间,已跨越了另一个使用层面。它不再仅仅是以用户的习惯用法为中心,而是扩展到个人和职业环境中。越来越多的加入对象使得控制住所、汽车、城市空间的各个部位成为可能。

物联网泡沫的冲击将继续,就像第一次互联网泡沫一样,但是不用担心由此引发的中长期问题和风险。用户的私生活将处于人们关注的中心,各种连接对象对环境的控制会不断增加,为自由留下很小的空间。当用户习惯于自己做出选择时,用户会发现自己将被一些决策所取代,这些决策的后果可能是难以管控

---

① 　http://www.stuffi.fr/mastercard-veut-transformer-nimporte-quel-objects-en-moyen-depaiement/。

和纠正的。黑客又是另一个问题,它带来许多问题,并使专家和用户对未来持怀疑态度。这些产品很容易成为黑客使用勒索软件(Ransomware)①进行攻击的目标,无论是通过控制医疗设备还是控制私人设备,这些产品都会使许多人陷入极端窘迫的境地。

有连接对象的社会,必须通过其专家、用户和企业重新考虑和反思其未来,以提供一个在各个层面上都是专业和令人放心的愿景,尤其是安全问题。这也是互联网及其网络服务的现状,经过数年的发展,互联网还没有真正地建立起安全版本。物联网必须找到与互联网相同类别的参与者②,要给用户展示信心,并允许在这个环境中进行无障碍的发展,这个环境的范围一致受到计算机科学、社会学、心理学等不同领域的专家和研究人员的密切关注。

用户是市场上真正的参与者和决策者。一些人认为连接对象是一种新的时尚、是一种趋势,对于许多已经上市或即将上市的对象来说这只是暂时现象,它将随着时间的推移和媒体对此主题丧失兴趣而消失,对其他人来说,真正有光明前景的还是日常用品。在真正的创新和虚幻的进步之间,只要科学和经济研究不能证实这一市场在经济、社会和技术上的现实性,这个问题将会长期悬而不决。

参 考 文 献

[BAL 86] BALPE J. -P. , Initiation à la génération de textes en langue naturelle, Exemples de programmes en Basic, Eyrolles, Paris, 1986.

[BAL 96] BALPE J. -P. et al. , Techniques avancées pour l'hypertext, Hermes, Paris, 1996.

[FAB 13] FABRE R. , HUDRISIER H. , PERRIAULT J. , "Normes et standards: unprogramme de travail pour les SIC", Revue française des sciences de l'information and de la communication, no. 2/2013, available at: http://rfsic. revues. org/ 351, consulted June 15, 2016, made available online January 1, 2013.

[MER 13] MERZEAU L. , "L'intelligence des traces", Intellectica, no. 59, pp. 115–135, 2013.

[SEG 15] SEGAULT A. , TAJARIOL F. , ROXIN I. , "Tweets de Fukushima: Capteursconnectés et médias sociaux pour la diffusion de l'information après un accident radiologique", Actes du colloque H2PTM'15, ISTE Editions, London, 2015.

[WEI 10] WEIL M. , SOUISSI M. , "L'Internet des objets: concept ou réalité?", Annales des Mines-Réalités industrielles, no. 4, pp. 90–96, 2010.

---

① 一种恶意软件程序,侵入个人数据,目的是要求用户付款。

② 例如万维网联合会、工业互联网联盟。

第2章 物联网生态系统

2.1 引　　言

随着时间的推移,计算世界经历了成指数型的演变,从第一台大型计算机到云计算,更不用说工作站和移动计算了。这些进步使计算和通信网络变得无处不在,使物理世界中的对象转化为具有增强功能的连接对象(CO),并与数字世界交互。连接对象及其设备使存储、传输和处理从物理世界获取的数据成为可能,这一过程涉及人类生活的许多方面:食品、农业、工业、健康、福利、体育、服装、住所、能源、视频监控、宠物等。根据瑞士苏黎世联邦技术研究所做的一项研究表明,在10年内(2015—2025年),全世界将有1500亿个物体连接起来;产生的数据量将每12h翻一番(而2015年大约每12个月翻一番)。技术创新是丰富的,市场将对那些设备和真正有用的交互对象进行分类。

无论是被动或主动的、已识别的和唯一可识别的,连接对象都与互联网有直接或间接的连接,这给我们构建物联网最佳和安全生态系统的能力带来了重大挑战。物理对象/关联虚拟智能对象成对出现,无论它是嵌入的、分布式的还是托管在云中,都将引导我们走向与人工智能相关的软件设计技术或方法,以及错综复杂的科学之路。

本章首先介绍传统网络向社会语义网络和连接对象演进的历史和技术背景;然后将通过举例说明物联网在日常生活中的存在,明确其定义和概念。

2.2 背景、融合与定义

一些基础原理为计算机和通信网络的建设做出了贡献,物联网的出现也符合这些原理的逻辑发展,就像如今所知,万维网的诞生、网络的普及、从模拟到数字和技术融合都是如此。

本章作者:Ioan Roxin,Aymeric Bouchereau。

2.2.1　历史上第一个连接对象——互联网烤面包机

在互联网和 TCP/IP 协议迈出第一步的几年之后,Dan Lynch,这位 Interop 互联网络秀主席,在 1989 年的节目中告诉 John Romkey,如果他能把烤面包机连接到互联网上,就会在次年开明星账单给 Romkey［STE 15］。1990 年,在朋友 Simon Hackett 的帮助下,Romkey 成功地把一款阳光豪华自动辐射控制烤面包机连到了互联网上。可以通过互联网和 TCP/IP 协议的控制,实现远程开启、关闭烤面包机,面包烘烤的时间取决于对设备操作时间的预先设定。一年后,这个著名的烤面包机增加了一个机器人手臂,它可以被远程控制,并且可以拿起一块面包放到机器里［STE 15］。其他类似的操作也是在随后的几年中引入的,例如,第一次使用网络摄像头,被称为著名的特洛伊木马咖啡壶(1991)［KIE 01］。另一个例子是,美国卡内基梅隆大学计算机科学系的汽水机,在那里,学生们为了避免走了半天路到了汽水机旁,结果没水了,由此为它增加了传感器,这样就可以在远处知道汽水机里有没有足够的水①［CAR 98］。上述示例除了展示其创造者的创造力和独创性之外,这些实验也是 21 世纪称为"物联网"的预演。所有这些实验都非常符合由这一概念所传递的思想,即利用信息和通信技术将日常用品与互联网连接起来,目的是丰富其功能。正因如此,我们才讨论"连接对象"。互联网的诞生,它的扩展和计算的普及是导致物联网理论发展的部分因素。

2.2.2　计算机网络

互联网源于网络相互连接(互联网络)的概念,以阿帕网(ARPANET)分组传送式网络为根基,是一个由若干网络组成的网络。这个创新系统是在 20 世纪 70 年代由美国发展起来的,目的是统一连接技术,促进不同计算机和操作系统之间的资源共享。然而,互联网偏离了连接不同通信网络(如阿帕网、通信卫星、无线电通信)这个最初的目标。

从 20 世纪 70 年代初开始,Vinton Cerf 和 Robert Khan 开发了 TCP(传输控制协议)和 IP(国际互联网协议),并以此作为互联网的基础。IP 负责使用 IP 地址向接收方发送数据包,因此,连接到网络的每个终端②被分配一个唯一地址

---

① 　1998 年 4 月 1 日,IETF 出版的 RFC 详细介绍了将咖啡机连接到互联网所需的操作(资料来源:http://www.rfc-edor.org/rfc/rfc2324.txt)。

② 　这里的术语"终端"或"主机"指所有可连接互联网网络的设备(如打印机、服务器、办公计算机或路由器)。

(IP 地址)。对于 TCP,它负责接收数据包,保证从一个主机发送到另一个主机的数据包的顺序和成功传递。正是在 1983 年 1 月,TCP/IP 对被正式采用,互联网这个词也与它们一起被使用了[HAU 03]。在这一事件之后,该网络被大规模使用①,最终成为一个由互联计算机组成的全球网络。

过去,互联网上开发了多种服务:文件传输(文件传输协议或 FTP)、电子邮件(E-mail)、延迟时间讨论论坛(Newsgroups)、实时对话(Internet Relay Chat)以及万维网(WWW)。

2.2.2.1 资源识别

1989 年 3 月 13 日,Tim Berners-Lee 提出了一个超文本②系统,以便于在欧洲核研究理事会(CERN)内实现文件共享③。他们深信该项目的价值,Robert Cailliau 加入 Tim Berners-Lee 在 1990 年和他们共同创建了万维网④。同年,第一个被命名为 WorldWideWeb 的网络浏览器和编辑器被引入,同时还引入了被称为"CERN httpd"[Con 00]的第一个网络服务器,它使任何人都可以在浏览器的帮助下查阅远处的资源(网页)。每个网页对应于一个节点,可以通过单击"超文本链接"或"超链接"从一个页面浏览到另一个页面(这种类型的链接可以在超文本系统中自由漫游)。

使用 HTML 语言(超文本置标语言)构造网页上的信息,可以在网页之间进行上述类型的导引。事实上,HTML 语言是由 Tim Berners-Lee 在 20 世纪 90 年代初创建的,用来构造网页。HTML 语言是一种计算机置标语言,也就是说,在标记和超文本链接⑤的帮助下,它可以具体指定网页中包含信息的结构(如形成文本、创建公式和表格,包括图片和视频)。

用户通过网络浏览器或"HTTP 客户端"来查阅这些网页,后者使得通过HTTP(超文本传输协议)"下载"远程网页成为可能,HTTP 是 Tim Berners-Lee 在20 世纪 90 年代发明的,是万维网的一部分。HTTP 确保客户服务器通信:客户端使用 HTTP 与服务器通信,服务器传输给客户端所需求的资源。还有 HTTPS,

---

① 法国于 1988 年 7 月 28 日首次接入互联网。

② 这个词是 Ted Nelson 在 1965 年作为项目 XANADU 的一部分而发明的,这个项目是关于信息系统的,想象它可以通过计算机即时共享信息。网络受到了这个项目的启发而得以发展。

③ 同年,1989 年,欧洲核研究理事会与互联网联网,并记录了其第一次外部连接。

④ 在 1990 年,一个广为流传的笑话说,缩略语 WWW 代表了"世界范围的等待",因为网络的普及使其运行速度太慢了。

⑤ 多年来,该语言经历了几个版本,包括 HTML 4(自 1997 年以来),它在 2014 年发布 HTML 5 之前使用了多年。

它是协议的另一个安全版本。

最后,要与 HTTP 服务器建立通信并访问其资源,客户端必须具有服务器的网络地址。这些地址是 Web 创建者的另一个发明,它们是一些字符串,唯一标识每个网页。它们一般采取下列形式:http://www.example.com 或 www.example.com,并且基于超文本链接。实际上,它们是统一资源标识符(URI)或国际资源标识符(IRI),一种定义地址语法的标准。URI 属"定位器"类型,也可称为 URL(统一资源定位器),或称为 URN(统一资源名称)的"名称"类型。URL 通过描述其位置①来标识网络上的资源,而 URN 允许根据其名称标识资源,而不必引用其位置②。该命名系统为网络上的所有资源提供了唯一的标识符;这样,它们中的每一个都可以被识别和访问。

2.2.2.2　Web 的发展

随着时间的推移,Web 经历了几次迭代。因此,如果说昨天的 Web(Web 1.0)是传统的网络,是一个由文档组成的网络,并且是静态的,今天的 Web(Web 2.0)就是一个社会和动态的网络,那么明天的 Web(Web 3.0)将是一个与物联网相连的语义和集合网络。对于后天的 Web,研究人员和未来学家认为,将是一个增强现实生活的集成智能网络(Web 4.0)和共生网络(Web 5.0)。

1. Web 1.0

这是 Web 的第一个版本(诞生于 20 世纪 90 年代),也称为传统 Web,是一种文件,它的功能是被动和静态的,就像一个图书馆,互联网用户可去咨询其资源。由于信息的分发是 Web 1.0 的基础,用户只能扮演被动的角色,处于"旁观者"的地位,不能以任何方式参与新资源的创建。

2. Web 2.0

自 2000 年至今,Web 就是动态和协作的了,允许互联网用户成为真正的参与者(可参与的 Web)。除了在线咨询资源变得更加多样化(如照片、文本、视频、音乐)之外,Web 用户还可以通过博客、维基网站或社交网络创建内容。Web 成为社会化的空间,互联网用户可以在其中交流、共享和创建链接(如在 Facebook、LinkedIn、Snapchat 或 YouTube 上)。

Web 2.0 的另一个吸引人之处在于可以根据某些平台分发的数据,开发和创建非常具体的应用程序。Instagram、Flickr 或 Google 等服务提供商为开发人

---

① 　http://example.com 就是一个 URL。
② 　"URN:ISBN:978-2-7637-8405-2"指的是一本书,其 ISBN 编号为 978-2-7637-8405-2。

员提供了使用原始数据的可能性①,这些原始数据都是服务商通过 API(应用程序编程接口)所提供的服务。一个专用于 API 的目录在不断更新,网址是http://www. programmableweb. com/。

3. Web 3.0

第三代网络是指语义网络(或数据网络),其目标是使网络上的资源更容易被机器使用和理解("可读性")。这样做的目的是以一种有用的方式收集信息,就像在一个巨大的数据库中,所有信息都是用结构化语言描述的。要做到这一点,除了形状和结构之外,还必须描述资源的语义,也就是关于这些资源的知识以及它们之间的关系。如果 RDF(资源描述框架)模型是共享元数据的通用语言,它就是用来描述语义约束和推理的本体。为了创建、交换、合并、扩展和连接不同的本体,W³C(万维网联盟)②将 OWL(网络本体语言)作为网络的本体语言。有了精确和完整的本体论,计算机就能够"理解"它们所传递的信息。因此,语义网的目标是为机器提供一种方法,使它们能够实现快捷计算,从而模拟人类的推理。

物联网伴随着这一代网络产生,因为物理世界和虚拟世界之间更紧密的联系诞生了,此时,在 Web 3.0 中,通过多种连接设备(如智能手机、平板电脑、智能手表或联网汽车),使互联网用户的移动性大大提高。

在 2011 年发表的论文[TRI 11]中,Vlad Trifa 提出了"物联万维网"(WoT)的概念,即将连接对象集成到互联网和万维网中。在 WoT 中,Trifa 阐释了社会、可编程、语义、物理和实时网络的联体,这是 WoT 将拥有的更多的特点。

4. Web 4.0

Web 4.0 的特点是人与机器之间出现了共生关系,以及智能实体[PAT 13]的出现。Web 4.0 中的机器至少与人脑一样,能够理解网络上的内容(与语义网络保持一致),并以适当的方式作出反应,并考虑到用户的各种期望。换句话说,用户和机器之间的交互将具有更高的质量,因为网络和计算机系统将有更好的能力使它们能够更好地掌握内容和用户需求背后的推理。例如,网络平台可以根据每个用户的习惯而个性化他们的界面,并可以个性化企业与客户的对话。目前,通过亚马逊公司等零售网站推荐的产品和建议,我们可以看到这类界面的详情。

5. Web 5.0

Web 5.0,即共生网络,是指随着链路、IP 地址的缜密化,以及互联网的不断普及而出现的转化。当数量的积累到达临界阈值时,就会导致新的特性产生,使

---

① API:编程接口,包含开发应用程序所必需的接口(资料来源:http://GranddictionNaire.com)。
② W³C 是一个致力于网络技术标准化的组织。

我们进入了"变迁(Transition)"①。未来主义者和趋势分析家 Joël de Rosnay 和 Ray Kurzweil 设想了计算机和互联网的下一个重大发展,Joël de Rosnay 提出了几个术语来定义未来的计算世界:Web 5.0、"共生网络"或"生物网"和"智能环境"[DER 10]。

Joël de Rosnay 看到了生物学和计算机的融合,他称之为"生物"领域的结合。从这一融合中,人与互联网的共生将要诞生,并将变得非常普遍:"[人]将不再在互联网上,而是在互联网里……。"生物技术的主要特点是生物传感器的发展,使机器能够从人体接收信息。

图 2.1 演示了从图形界面到人机交互的发展过程,从图形用户界面(GUI)或窗口、图标、菜单、指针(WIMP),通过触觉/声学接口到手势/意图的界面。

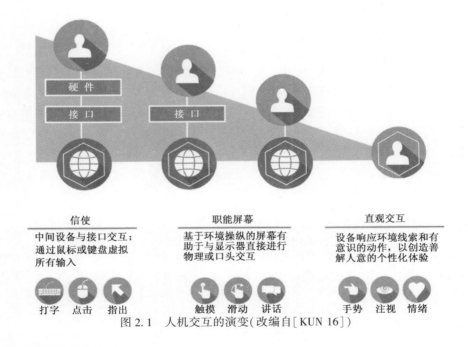

图 2.1　人机交互的演变(改编自[KUN 16])

① 这种变迁称为"技术奇点",它描述了指数技术增长进入更高阶段的一个特定点,此时,"我们目前所有的预测模型都将是零和无效的"。Ray Kurzweil 在他的书 *Humanité 2.0:la bible du changement* 中提出了这个观念。2008 年,Peter Diamandis 和 Ray Kurzweil 创建了奇点大学(Singularity University)(http://singularityu.org/),他的口号是"使不可能成为可能!"。

Symbio 网（Symbio-Net）是第五代网络，可以认为是一个三维（3D）空间，在此空间中个人可以自己导航和咨询各类资源［PAT 13］。这个 3D 世界的建模能够生成用户的虚拟化身，主要还是得益于所有互联设备和智能通信器材（如平板电脑、智能手机、个人机器人等）的处理能力和内存。此外，Web 5.0 还可以了解在塞比奥网上网人的情绪，可以与用户咨询的内容［PAT 13］进行情感互动，这是一种神经元和计算机芯片之间的边界几乎不再存在的进化。最大的变化涉及所发送的消息和所使用的路径，这将不再仅仅是从大脑到机器，而且是从机器到大脑。

"生物学变成技术，技术变成生物学，人类变得越来越机器人化，机器人变得更有人情味，并逐渐取代我们，把我们推向一个新的世界，一个新的人类。"（Béatrice Jousset-Couturier，Le transhumanisme，Eyrolles，Paris，p. 188，2016）

根据 Ray Kurzweil［KUR 07］的说法，"未来的机器即使不是生物，也将是人……。人类文明的大部分智慧最终将是非生物的。我们的文明仍将是人类的，不过在许多方面，它将超过我们今天所认为的人类。"

2.2.2.3　融合

推动物联网的理念从 20 世纪 90 年代开始就已经存在了，并与互联网的开始相吻合。尽管有一些早期的实践，但这一现象只是在 2010 年之后才得到重视［MIC 15］。物联网是伴随着几种融合（数字、技术、服务、网络、设备和政策）的展现而发展的。这些融合将推动用法和技术向与互联网和一般计算相关的范式转变。

从模拟到数字的大规模转换加速了通信技术的融合，使许多部门都发生了转变（如视听、电视和电信部门）。

2.2.2.4　数字融合

数字融合、计算机和万维网同时得到推广，它在医学、政务或摄影等几个领域都得到了应用。它融合了以前相互独立作用的几个元素：内容、支撑和传输。

（1）"内容"是指人们可以阅读和理解的信息，也就是说，一系列的字节表示照片、视频磁带或纸质文档。这些信息已经数字化：使我们已经从模拟来到数字。

（2）"支撑"是用来阅读、收听或观看某一内容的手段，它依赖于模拟世界中的内容类型。随着数字化的发展，支撑不再存在于不同类型的记忆和解释文本的协议之中，一种类型的内容不再需要特定的支持，因此，视频可以在智能手机、平板电脑或办公计算机上观看。此外,在平板电脑上,还可以听音乐、看电影、看书或查看电子邮件。

（3）"传输"拥有将内容传送给用户的能力或过程。内容经过数字化和非物质化,可以通过任何网络传输,可以从连接到互联网的任何地方观看、阅读、操作或收听,地理位置和时间不再是获取内容的决定因素。ATAWAD 这个术语（任何时间、任何地点、任何设备）完美地展现着我们社会的数字化转变,并表示在任何时候都可以从连接到互联网的任何设备（任何装置）上获得信息。

数字融合是为单一类型对象（如相机、Hi-Fi、录像机、电视）设计的设备的融合,这得益于这些对象的数字化[WCI 12]。这种融合使得计算机和其他设备（如智能手机、MP3 播放器、平板电脑和个人助理工具）都具备了新的功能,如播放视频或音乐。这一情形使多媒体系统得到很大的发展。另一个成果是使多媒体系统之间以前不可渗透的边界由此消失。对象的数字化正变得越来越系统化,互联网网络和计算现在已基本上成为电话、摄影①、新闻、纸质文件和其他网络（某些型号的便携电话,MP3 播放器,便携式扬声器,甚至带有 Wi-Fi 接收器的灯）的一部分。

在 2015 年法国大学举行的一次会议上,洛桑联邦技术研究所（EPFL）Joseph Sifakis 教授探讨了数字融合的应用问题。图 2.2 所示为转换到数字后更改的 4 个域:服务、设备、政策和网络。

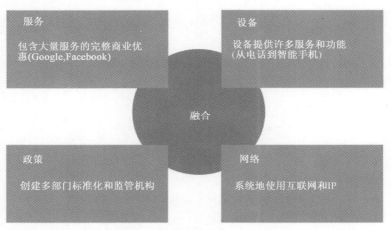

图 2.2　服务,设备,网络和政策的融合（改编自 Joseph Sifakis [SIF 15]）

---

①　2006 年 1 月 13 日、20 日和 3 月 26 日,尼康、科尼卡美能达和佳能宣布放弃了卤化银摄影的研发,转而采用数码摄影。

服务应解释为包含众多功能的完整商业服务,例如,GAFA 公司提供的服务功能①。还如,谷歌公司提供的不仅仅是搜索引擎,Facebook 提供的也不仅仅是社交网络,而是提供一大组应用程序。提供的这些服务越来越广泛,有时涉及许多不同的侧面②,甚至能够创建多种多功能平台,这最终意味着用户只需要访问很少几家不同的公司即可达到其需求。

互联网和 TCP/IP 协议广泛应用于各种应用和服务中,当涉及在多个参与者之间建立通信时,它们成为默认的选择。因此,集成到不同通信设备中的 IP协议正在成为一种普遍的通信手段,有时还会超出其协议范围③。实际上某些人也提出了这样的观点,如 Danny Hillis④,他提醒公众注意互联网超载的危险[HIL 13]。Hillis 声称,大规模使用互联网可能是有害的,因为网络不是为这种用途而创建的。在相互关联的健康领域,网络的故障或饱和可能会产生严重影响。此外,互联网是一个缺乏安全性的开放网络;许多事实和报道,以及对互联网黑暗角落(黑暗网络⑤)的说法能够证实这一点⑥。

随着"全数字化"的普及,各联营企业和国际组织纷纷建立,目的是规范各行业的应用和技术开发。他们制定了跨行业政策,并试图规范其行为且使标准与国际发展接轨。监管和标准化组织,如欧洲电信标准协会(ETSI)、国际标准化组织(ISO)、机器对机器团体(OneM2M)、电气和电子工程师学会(IEEE,工作团队 P2413)等都参与了应用程序和服务效能的研发,通过定义共同规则使所有参与者都朝着同一个方向发展。

---

① GAFA 是互联网四大巨头(谷歌、苹果、Facebook、亚马逊)的缩写,也称为"四老大"。我们经常会看到首字母缩写 GAFAM(M 代表微软)或 GAFAMA(最后的 A 代表阿里巴巴)。在 GAFAMA 之后,其他主要角色在 2015 年夏季也出现在首字母缩写 NATU 下,这四家公司是数字"颠覆"的象征:Netflix,Airbnb,Tesla and Uber。

② 谷歌公司的主要产品是搜索引擎,该公司已在很大程度上实现了多样化(如搜索引擎、自动驾驶汽车、生物技术、保健、家庭自动化)。Alphabet 企业集团成立于 2015 年,汇集了以前由谷歌公司拥有的所有服务(如 Google,GoogleX,GoogleCapital,Nest,Calico)。

③ 2011 年 2 月 3 日,公开的 IPv4 地址正式用尽。

④ Danny Hillis 是美国发明家、企业家、作家、工程师和数学家,他也是商业思维机器公司的联合创始人,1983 年以开发连接机超级计算机而闻名。

⑤ 黑暗网络是指无法从搜索引擎(占所有网页的 70%~75%)访问的网页资源,而只能通过诸如 Tor 这样的匿名软件访问。在没有监管的情况下,网络的这一部分是非常自由的,就此而言,你可以在网上找到从最非法的到最传统的各种各样的内容。

⑥ 2016 年 3 月 17 日,美国联邦调查局(FBI)发布了一项公开声明,警告车主和"联网"汽车制造商注意此类车辆有遭到黑客攻击的危险,建议要提高警惕,并列举了几种"最佳做法":别把任何东西和它连在一起,在出现异常的迹象时通知制造商,并进行软件更新。

设备和计算机系统的概念正在转向多功能并向服务聚焦(如电话、电视、网络导航等)。自 1983 年①首次亮相以来,移动电话已经有了很大的发展,可将大量功能整合在一起,从传统的电话功能到互联网导航功能,再到电视功能,用户可以阅读书籍、发送电子信息、听音乐、看电影以及干其他许多事情,设备变成了"通用"工具。例如,在书 *Everyware*(2007 年)中,Adam Greenfield 强调了日本有关便携电话的做法,它已成为大多数日常生活活动不可或缺的工具②,它几乎无所不包,从计划一次会议到寻找最近的企业,再到寻找交通工具。如谷歌的项目"物理网络"③所示,作为"通用遥控器"的电话正在研制中。

2.2.2.5　技术融合

除了数字融合,即内容、支撑和传输的融合外,我们还了解到了技术的融合,这是与物联网发展有关的另一个因素。可以展望:"电信、信息技术和媒体等最初基本上是相互独立工作的部门,现在正日益相互融合。"[PAP 07]。在 21 世纪初,技术融合最初是指生物信息学、信息和通信技术(ICT)、认知科学和微电子学的边界之间的渗透。缩写词"NBIC"就是这些新技术的融合:纳米技术、生物技术、计算(大数据和物联网)和认知科学(人工智能和机器人)。在当今世界经济的中心,NBIC 产业正在刺激超人类主义④——一个庞大的工程,旨在提高人类在各个方面(身体、智力、道德和情感)的表现。2002 年出现了第一份提出这一观点的报告,是由 Mihail C. Roco 和 William Sims Bainbridge 为美国国家科学基金会(MIW 02)编辑的,提出聚合纳米技术、生物技术、信息技术和认知科学等科学技术以改善人类品质和能力。

物联网是由同时存在的多种技术创建出来的,这些技术使发展和创新成为可能,而这些技术到目前为止都是理论上的或在原型阶段的。在 2015 年 6 月12 日"O'Reilly 雷达"上发表的一篇文章中,Susan Conant 列举了其中一些因素

---

①　第一个商业便携电话广告于 1983 年 4 月 6 日由摩托罗拉公司在美国推出。摩托罗拉公司的研发总监 Martin Cooper 博士于 1973 年 4 月 3 日举行了该设备的演示活动。

②　主题 50,第 117 页。

③　物理网络是谷歌在 2014 年开始研究的一个项目,其目标是为连接对象和智能手机之间的交互定义一个通用标准。谷歌希望为用户建立一种方法,以此方法,用户不再需要大量专用于某一使用对象的应用程序。也就是说,不再需要一个特定的应用程序来查找公共汽车时刻表或支付停车费用,因为所开发的协议是通用的,并且独立于任何操作系统,http://google.github.io/physical-web/cookbook/。

④　在超人类主义中,人类物种的改进有两种方式:(A)保持连续性,不放弃他的人性;(B)打破人文主义,在技术上超越人类存在的极限(衰老和死亡)。有了外星人和奇才主义者,一切都是可能的。"如果一切都成为可能,是否一切都是可取的?"[JOU 16]。

[CON 15]:

（1）摩尔定律由 Gordon Moore 在 1965 年得出,它规定初级微芯片的复杂性每两年在价格不变的情况下翻一番①。因此,计算机系统的"速度""功率""容量""时钟频率"等许多性质每两年翻一番;随着时间的推移,这些系统以越来越低的成本运行(图 2.3)。

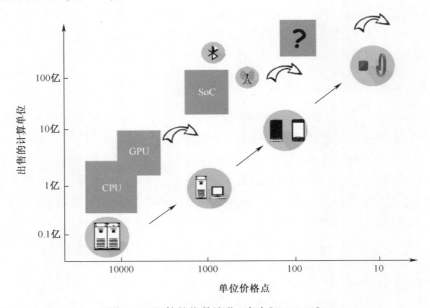

图 2.3 组件的指数演化(来自[RAN 14])

（2）根据梅特卡夫定律,网络的价值与其用户的平方数成正比。根据这项法律,企业开发的连接对象(CO)数量不断增加,使得物联网的规模和受欢迎程度越来越大。

（3）无线通信技术飞速发展。主要包括流行的蓝牙②,其变体蓝牙 LE(低能耗)③,它的竞争对手 ZigBee④,还有 Wi-Fi 很快在所有城镇也是无处不在⑤,

---

① 摩尔定律促进了大型程序的产生,并根据沃思(Wirth)定律(1995 年):"程序减速比设备加速要快。"

② 双向通信标准,范围很短。

③ 蓝牙的低能衍生物。

④ 低能耗通信协议。

⑤ Wi-Fi 正处于在各城镇无处不在的进程之中。2015 年,公共接入点的数目估计约为 5000 万(iPass-https://www.ipass.com/press-releases/the-global-public-wi-fi-network-grows-to-50-million-worldwide-wi-fihotspots/)。

另外还有移动电话标准(如 GSM、EDGE、GPRS、LTE)①或 NFC②和 RFID③等。在这一领域还出现了一种称为 LPWAN(低功率广域网)的新型无线技术,这种类型的技术在更大通信信号覆盖范围内展示了较低的能源消耗,适用于物联网上连接对象,因为这些对象有时必须具有跨越数年的自主功能期,并在覆盖数千米的地区内进行通信。

(4)随着电池有关的技术方案的改进,其新的应用领域得以开辟。例如,设备的自主性在增加,电动汽车的制造也变得容易④。

(5)微型化:用于制造传感器、执行器⑤和连接装置的技术,使它们能够融入到越来越小的物体中。与摩尔定律密切相关的是,微型化的过程允许制造商生产微米或纳米尺度的组件。

(6)大数据⑥或海量数据⑦是指互联网用户通过其连接的设备为个人或专业目的而产生的大量数字数据。大数据作为一种工具和算法集合,使人们能够实时地收集、存储、处理、分析和可视化大量的数据,因此,大数据是一个全球性的概念,它有 6 个变量(6V):①容量:生成的数据数量⑧;②种类:原始数据、半结构化或非结构化数据(如文本、传感器数据、声音、视频、浏览数据、日志文件),不同来源的复杂数据(如社交媒体、机器与机器之间的交互、移动终端等);③速度或速率:产生、获取和共享数据的频率;④准确性:所收集数据的可靠性和可信度;⑤价值:使用大数据可以赚取的利润;⑥可视化:使信息能够被理解的可能性,尽管它的体积、种类不断进化,大数据需要先进的技术来存储非结构化数据(如 Hadoop 或 NoSQL)并需要适应于优化时间的处理(如 MapReduce、SPark)。

(7)云计算由存储、聚合和分析来自远程服务器数据的平台组成。如果我

---

①　超长距离通信技术,由运营商部署基础设施,并已覆盖广大区域。

②　近场通信,一种非常短距离(几厘米)的通信手段。

③　射频识别,使用发射无线电波的标签来标识对象。

④　特斯拉 S 型电动汽车于 2012 年在美国上市,其行程为 502km,创下了这一行业的记录(http://www.usinenew.com/article/tesla-motors-comment-lastart-up-de-palo-alto-reinvente-l-automobile.N213178)。

⑤　与传感器不同的是,执行器是指自动化系统中的一种装置,它能具体地执行计算机命令所规定的动作。因此,声学扬声器是执行器,因为它发出声音。

⑥　根据计算机械协会数字图书馆的档案,"大数据"一词出现在 1997 年 10 月的科技论文中,论文研究了关于如何面对"大量数据"可视化技术的挑战。

⑦　作为"大数据"一词的正式翻译,法国术语和名词学委员会建议"méadadonnées":"结构数据或非结构化数据,其数据量很大,需要运用适宜的分析工具来进行分析。"(2014 年 8 月 22 日《LE Journal》)。我们还找到了这样的表达——"海量数据"。

⑧　例如,2011 年,产生的全部数据增加到 1.8 ZB(CNRS,《大数据革命》,CNRS 国际杂志,2013 年 1 月)。

们遵循法国法语国家办事处提出的定义［OFF 15］,那么就可以这样理解,云计算指的是一个模型,在这个模型中,计算资源能够共享,而且是以网联(连接到互联网)服务器所提供的服务和应用程序的形式实现共享的。云计算提供的主要服务模式如下:服务软件(SaaS)、服务平台(PaaS)、服务基础设施(IaaS)。我们还研发了服务数据(DAaS)、服务业务流程(BPaaS)、服务网络(NAAS)、服务桌面(DAaS)、服务存储(STaaS;如 Dropbox、GoogleDrive、iCloud、Amazon 简单存储服务、SkyDrive、Windows Live Mesh)。

应用于大数据和物联网的云计算具有聚合数据及处理能力特性。我们可以把认知分析和机器学习技术作为使用这些大量数据的"工具"。对认知领域的深入研究和对学习技术的改进有助于物联网的完善(图 2.4)。

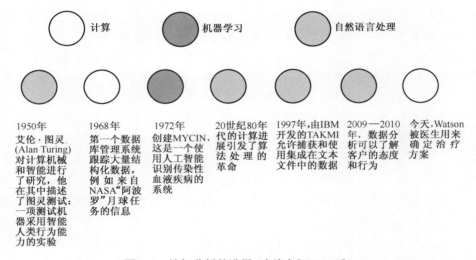

图 2.4 认知分析的进展(改编自［BAT 14］)

明显地,还有其他因素可归因于连接对象(CO)和物联网的发展。然而,上述要素是对最新创新影响最大的因素之一。

2.2.3 连接物体的互联网

物联网将网络和计算融入到日常生活的各个方面。Gartner 研究所将物联网置于 2015 年"发展规律周期"曲线［GAR 15］的顶端,这意味着这一趋势产生了大量的预期和希望(图 2.5)。有些人认为这是一个新时代的到来,它将从根本上改变我们的生活方式,并对人类生活的各个方面产生影响。

一点一点地,计算和网络正在融入我们周围的物体中,更广泛地存在于我们

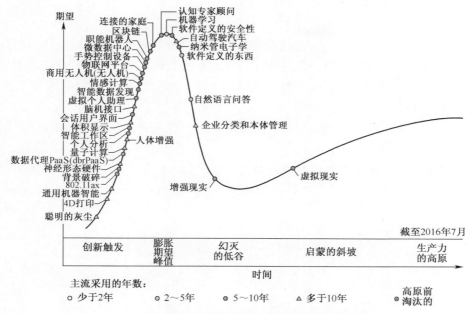

图 2.5　Gartner 在 2016 年提供的新兴技术的"发展规律周期"

的日常生活中。

2.2.3.1　普适计算

"普适计算"一词直到 1999 年才出现,但正如互联网烤面包机(Internet Toaster)等各种成就所表明的那样,这一想法已经持续了若干年了。互联世界的概念并不新鲜,可以在其他名称下找到,如"普适计算""环境技术"或"宁静技术"。1988 年,施乐帕克研究中心(Xerox PARC)的一位科学家 Mark Weiser,被认为是这一范式之父,他提出了普适计算的理论:这涉及将计算工具集成到日常生活中的对象中。通过这种方式,计算变得无所不在,系统和技术将消失,这种消失不是物理上的,而是通过与环境融合并融入物体而使人类看不见的。

"最渊博的技术是那些消失了的技术。他们把自己编织到日常生活中,直到它们与之无法区分为止……"(*Mark Weiser*,*The Computer for the 21st Century*,1999 年,第 1 页)

同样,在 1980 年,东京大学教授 Ken Sakamura 提出了"无处不在的网络"的概念[TRO 15]:在计算机网络中,我们周围的所有对象都集成了嵌入传感器和执行器的计算,这些传感器和执行器连接在同一个网络上,使它们能够相互通信。设备之间的对话和合作将提供"更智能的"①功能,在这种意义上,所执行的部分操作会在自主性上有所增长。

这些描述表示了一种充满连接物体和嵌入式计算机系统的环境,这也是自从世界上的连接物体比人的数量多了以来就有的一种现象(图2.6)。许多用于识别的技术和标准与连接对象和服务一起出现,由此产生了许多派生物,即传感器、连接方式、通信方法或网络。

如今,物联网生态系统仍然是各式各样的。"生态系统"一词由法国法语国家办事处定义如下:

"由生物和非生物环境形成的动态整体,它们之间的相互作用构成了基于生态学的功能统一体。"(法国法语国家办事处,http://granddictionnaire.com,2014)

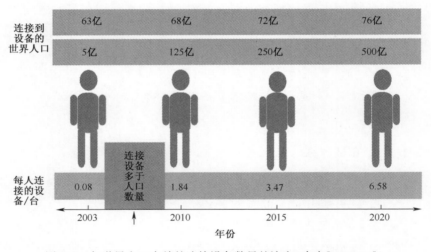

图2.6 与世界人口有关的连接设备数量的演变(来自[EVA 11])

生态系统被转移到计算和物联网的世界中,是指所有基于计算机的系统形成了它们进化和相互作用的环境。技术和标准保证了计算设备的互操作性和安全性,从而保证了一定的稳定性和一致性。例如,互联网基于定义良好的协议,诸如 TCP 和 TP,也基于一些国际组织,如 IETF② 或 ISOC③,从而确保了其能得

---

① 在这方面,"smart"一词比"intelligent"一词更可取,因为将连接对象同人一样视为"intelligent"是笨拙和错误的。

② 互联网工程团队(Internet Engineering Task Force),负责技术方面和架构研发。

③ 互联网协会(Internet Society),负责计算机网络的发展。

以管控。万维网也是如此,它基于 HTTP、URI 网络地址和 HTML 这 3 个基本标准。在监管方面,网际网路联盟(W3C)关注的是技术兼容性。上述两方面构成了生态系统的功能群。现在,物联网正处于发展阶段,生态系统仍有待完善。

2.2.3.2　连接对象

在讨论物联网的正式定义之前,我们应该首先定义"连接对象"①。无数的设备与物体可以成为连接对象:一盏灯、一把叉子、一个天平、一把锁、一张床、一把扶手椅,甚至一幅画,都是潜在的连接物。

如果一个设备,其初始的概念及存在的目的与计算机和互联网世界的概念和观念没有任何形式的功能关联,那么我们可以将其视为一个连接对象。一个物体,如咖啡机或锁,是在没有计算机系统集成或与互联网连接的情况下设计的。联上了网络,这些物体的功能得到了补充,就像 John Romkey 和 Simon Hackett 的烤面包机一样,当一个简单的烤面包机与互联网连接后,就可以实现远程控制。根据上述规则,相比之下,智能手机是连接最多的设备,它不属于连接对象家族。

连接对象连接后,就添加了其他若干特性。它们是一种在不需要人类干预的情况下与物理世界相互作用的装置,从本质上说,连接对象有一些限制,诸如内存、带宽或能量消耗,根据使用环境的不同,一个设备可以在不间断的情况下工作几年。因此,能源消耗必须非常低,这种特殊性显著影响着连接对象向服务平台发送消息的速度和频率。

以它们原始的本性,这些物体是物理的,但也是数字的(图 2.7)。在这里,它是一种物理对象,其中添加了某种形式的人工智能或 AI(弱 AI②),这样,这些物体就能以"更聪明"的方式行事了[DVO 13],但是这些物体的行为没有逻辑,既缺失相关性,也不直观。例如,一个给空荡荡的建筑物供热的锅炉;一个在交叉路口没有车情况下,仍显示"红色"的交通信号灯;一个用同样的方式加热各种不同食物的微波炉;一个无法跟踪公共汽车进站的公共汽车站;一辆无法合计和计算其所拉货物价值的购物车;一个无法提供食谱却厨房设备齐全的操作间;

---

①　正如 Gilbert Simondon 在技术对象问题上所做的那样,对连接对象存在方式的认识"必须通过哲学思想来实现"[SIM 12]。

②　可以区分人工智能的两个主要类别:强 AI 和弱 AI。强 AI 指的是一台拥有人脑所有特征和特性(如有自我意识,表现出智能行为和展示感情)的机器。这种机器必须能够通过图灵测试,它还没有生产出来。弱 AI 指的是一个具有很强自主性的系统,用于完成特殊的任务,这种自主性使人产生其"具有智力"的错觉,这实际上只是一种模拟。

一盏当一个人进入一个黑暗的房间时,不会自动点亮照明房间的灯。

通信

连接设备

计算

感知

图 2.7　连接对象的组件(来源:www. Smart things. com)

现在的红灯只会在一个软件程序(或计时器)的操控下,在经过一段精确的计时后调整变化。同一个交通信号灯,在整合了人工智能后,根据十字路口的车辆和行人的数量,能够自行决定何时该"变绿"或"变红"。此外,通过增加与互联网的连接,可将这一概念推广到一个城镇的所有交通信号灯中,这就有可能改善城镇的交通,并通过更切合实际的方式对其进行规范:根据当前的需要,控制城镇的车辆数量、污染程度,甚至行车时间。这种装置将有助于减轻污染程度,使城镇"更清洁",并会缩短驾车者的行车时间。

2.2.3.3　物联网的定义

物联网这个词是英国人 Kevin Ashton 在 1999 年提出的,他是麻省理工学院汽车识别中心的联合创始人,并参与了 RFID 标准的创建,在向宝洁公司(P&G)的介绍中提到了这个术语。这个词表达的是一个由物体、设备和传感器相互连接的世界[ASH 09]。

他认为计算机和互联网是以人类输入信息为基础的。因此,机器依赖于我们通过键盘、拍照、拍摄或扫描条形码来创建和传输数据。K. Ashton 说,问题在于,人类很容易传播思想,但很难理解围绕在他周围的事物的环境数据。由于这个原因,计算机系统几乎没有关于物质世界"事物"的数据。同样,根据 Kevin Ashton 的说法,解决方案将是允许机器自己收集这些数据。例如,从这些数据及其分析中,有可能更好地减少能源消耗,降低某些成本,更有效地避免浪费。

物联网的定义已存在几个版本,但许多定义都有一种倾向,就是强调不利于其他定义的观点。这一概念也常常与机器对机器的通信、WoT 或宁静技术相混淆。

2015 年 5 月 27 日,IEEE 发布了一份文件,其目标是确定物联网的定义。文件解释说物联网存在于不同的环境中,依据所设置的应用程序场景不同,这一环境有着不同程度的复杂性。因此,IEEE 提供了两个定义,第一个定义的是低复杂度环境和场景,表达如下:

"物联网是将若干唯一可识别的'物品'与互联网连接起来的网络,这些'物品'具有感知/驱动和潜在的可编程能力,通过开发唯一识别能力和感知能力,与'物品'相关的信息可以被收集,'物品'的状态可以从任何地方、任何时间、被任何东西改变。"(IEEE, *Towards a Definition of the Internet of things*(*IoT*),2015 年,第 74 页)

相反,第二个定义强调更复杂的场景:

"物联网设想了一个自我配置的、自适应的、复杂的网络,通过使用标准的通信协议将'物品'连接到互联网上。这些相互连接的物品,在数字世界中具有物理或虚拟的表现,具有感知/驱动能力,有着一种可编程的特性,并且是唯一可识别的,其表现包含了多种信息,包括物品的身份、地位、位置或任何其他商业、社会或私人相关信息。这些物品可提供服务,无论有无人为干预,只要通过开发唯一性识别、数据获取与通信、驱动能力即可实现。该服务是通过使用智能接口加以利用的,在考虑到安全性的情况下,可以在任何地方、任何时间,针对任何物品使用该服务。"(IEE, *Towards a Definition of the Internet of things*(*IoT*),2015 年,第 74 页)

在另一项关于物联网的研究中,Pierre‐Jean Benghozi、Sylvain Bureau 和 Françoise Massit‐Folléa[BEN 08]提出了一个交叉定义:"纯粹的技术方法和以使用为中心的技术方法……"(IEEE, *Towards a Definition of the Internet of things*(*IoT*),2015 年,第 10 页)。他们定义物联网的方式如下:

"物联网是一个由若干网组成的网络,通过标准化和统一的电子识别系统和无线移动设备,能够直接和无歧义地识别数字实体和实物,这样,就能够恢复、存储、传输和处理与之相关的数据,而不会在物理世界和虚拟世界之间产生不连续性。"(IEEE, *Towards a Definition of the Internet of things*(*IoT*),2015 年,第 10 页)

换句话说,物联网是一个多网络组成的网络,因为它是基于互联网的,它利用了互联的概念。因此,该网络由通过无线通信与其相连的连接对象组成,并且连接对象是唯一可识别的。连接设备产生的数据在网络上传输,还上传至云平台①,存储、分析这些数据,以便提供服务或执行操作(图 2.8)。

价值驱动因素　　　　　　阶　段　　　　　　技　术

图 2.8　信息步骤(来自[HOL 15])

　　正如研究报告所述,技术方法表明物联网是一种:"互联网命名系统的扩展,表示一种数字标识符的融合。"(IEEE, *Towards a Definition of the Internet of Things(IoT)*,2015 年,第 9 页)。它包括将特定于互联网的命名系统扩展到连接对象,它允许互联网用户通过使用每个资源的特定地址在网站之间导航搜索。以前用于互联网网络的识别方法也适用于物体、计算机、便携电话或平板电脑,因此,所有终端②都是唯一和自动识别的(无需输入要与之通信的参与者标识符)。

　　除了技术方法外,有些定义强调的是身份特性和用法。无所不在的计算机,以及充斥着各类连接对象的环境,和连接对象提供的各种服务,创造了特殊的实践活动。物联网将是一个连接人和物体的变革,它独立于时间和地点之外。因

---

① 托管在云中的服务平台。

② 终端是指计算机网络的终点之一。连接到互联网上的工作站是终端,就像一盏灯连接到网络一样。

此,这种方法倾向于通过赋予物体虚拟身份和个性来将对象人格化,特别是因为这些对象能够在网络中进行通信。连接对象是真实的同时也是虚拟的,因此它就成了这两个世界之间的接口,这种分析接近于普适计算。计算机系统融入了环境,它在物理世界和虚拟世界之间构架了一座桥梁。包括欧洲联盟委员会和欧洲智能系统集成技术平台(EPSoSS)在内共同编写的一份报告也支持这一观点。他们把功能和身份问题放在关注的重点:

"具有身份和虚拟人格的物品在智能空间中运行,使用智能接口在社会、环境和用户情景中连接和通信"(*Infso D. 4 Networked Enterprise and RFID*;*Infso G. 2 Micro and Nanosystems and EPSoSS*,*Internet of things in 2020*。*A roadmap for the future*,2008 年,第 6 页)。

尽管定义多种多样,我们还是可以找出几点相似之处。可以这样说,这些对象被连接到互联网,并在这个网络上存在,它们像计算机或智-手机一样可以访问和识别,这些设备就像物理世界和虚拟世界之间的网关。2010—2012 年以来,推出的多种服务和产品,把从环境中获取到的信息实时转换成电子数据,并从云平台中分析这些数据,使服务提供商开发了许多新的功能(图 2.9)[MIC 15]。

图 2.9　物联网的应用(改编自[VER 15])

从基础设施需要构成要素(一种通信手段、一种能源和一种物流形式)出发,Jeremy Rifkin 将物联网作为通信互联网、能源互联网和物流互联网的组成部分[RIF 16]。三个组成部分"在同一个系统中共同运作,通过不断寻找提高效率和生产力的方法,以调动资源、生产、分配货物与服务,并回收利用废物。……没有通信,就不可能管理经济活动;没有能源,就不可能创造信息,也不可能为其传输提供动力;没有物流,就不可能推动经济活动沿着价值链前进"(*ibid* 第 30 页)。除了这种组合之外,Jeremy Rifkin 认为物联网是一场变革,使基础设施变得智能化,并可推动生产力的飞跃:

"这是一场革命,它将把机器、商贸、家庭和车辆连接在一个由通信互联网、能源互联网和物流互联网组成的智能网络中,将一切集成到一个单一的操作系统。"(*ibid* 第 111 页)

2.3 结 论

从连接计算机的万维网创建,扩展到日常物品,到网络的发展和技术的融合,本章解释了物联网产生的历史和技术背景,并试图描述和定义围绕这一范式的概念。互联网连接了数十亿人,深刻地改变了我们的习惯和生活方式,物联网也准备通过连接数十亿个物体来实现同样的目标。这一成就,已成为我们生活中分享、创造、修改和删除信息不可或缺的工具。普通的物体变成"连接"的对象,连接物理世界和虚拟世界的接口具有一定形式的智能(例如,加上了传感器和嵌入式软件),使得连接对象能够相互交流。连接对象可以接收、理解、处理和传输数据,同时可优化使用,间或创造价值。第 3 章将介绍使物联网的概念成为现实所必需的工具。

参 考 文 献

[ASH 09] ASHTON K., "That 'Internet of things' Thing", RFID Journal, available at: http://www.rfidjournal.com/articles/view? 4986,2009.

[BAT 14] BATES C., "Cognitive Analytics", Deloitte, UK, available at: http://www2.deloitte.com/uk/en/pages/technology/articles/cognitive-analytics.html,2014.

[BEN 08] BENGHOZI P.-J., BUREAU S., MASSIT-FOLLEA F., L'Internet des Objets. Quels enjeux pour les Européens?, Chaire Innovation & Régulation, Télécom ParisTech,2008.

[CAR 98] THE CARNEGIE MELLON UNIVERSITY, "The 'Only' Coke Machine on the Internet", available at: https://www.cs.cmu.edu/~coke/ history_long.txt,1998.

[CAR 15] CARTIER M., Le 21e siècle, Blog,2015.

[CON 00] CONNOLLY D., "A Little History of the World Wide Web", available at:https://www.w3.org/History. html,2000.

[CON 15] CONANT S. ,"The IoT will be as fundamental as the Internet itself-O'Reilly Radar",available at: http://radar. oreilly. com/2015/06/the-iot-will-be-asfundamental-as-the-Internet-itself. html,2015.

[DER 10] DE ROSNAY J. , "Voyage vers le futur du web et la singularité", TEDxParis 2010, Paris, France,2010.

[DVO 13] DVORSKY G. , "How Much Longer Before Our First AI Catastrophe?", available at: http://io9. com/how-much-longer-before-our-first-ai-catastrophe-464043243,2013.

[EVA 11] EVANS D. ,The Internet of things- How the next evolution of the Internet is changing everything,Livre Blanc,CISCO,2011.

[GAR 15] GARTNER,"Gartner's 2015 Hype Cycle for Emerging Technologies Identifies the Computing Innovations That Organizations Should Monitor", available at: http://www. gartner. com/newsroom/id/3114217,2015.

[GRE 07] GREENFIELD A. ,Every[ware],FYP Editions,Limoges,2007.

[HAU 03] HAUBEN R. ,"A Closer Look at The Controversy Over the Internet's Birthday! You Decide",available at: http://www. circleid. com/posts/a_ closer_look_at_the_controversy_over_the_Internets_birthday_you_decide,2003.

[HIL 13] HILLIS D. , "The Internet Could Crash. We need a Plan B",TED 2013, Long Beach, United States,2013.

[HOL 15] HOLDOWSKY J. ,MAHTO M. ,RAYNOR M. E. et al. ,Inside the Internet of things (IoT),Deloitte University Press,Westlake,2015.

[JOU 16] JOUSSET-COUTURIER B. ,Le transhumanisme,Eyrolles,Paris,2016.

[KUN 16] KUNKEL N. ,SOECHTIG S. ,MINIMAN J. et al. ,Augmented and Virtual Reality Go to Work: Seeing Business Through a Different Lens,Deloitte University Press,available at: http://dupress. com/articles/augmented-and-virtual-reality/,2016.

[KUR 07] KURZWEIL R. ,Humanité 2. 0: la bible du changement,M21 Editions,Paris,2007.

[MCC 01] MCCARTHY K. , "World's first Webcam Coffee Pot to be Scrapped", available at: http://www. theregister. co. uk/2001/03/07/worlds_first_webcam_coffee_ pot/,2001.

[MOR 14] MOROZOV E. ,Pour tout résoudre,cliquez ici: l'aberration du solutionnisme technologique,FYP,Limoges,2014.

[OFF 15] OFFICE QUÉBÉCOIS DE LA LANGUE FRANÇAISE,Infonuagique-Le grand dictionnaire terminologique,available at: http://granddictionnaire. com/,2015.

[PAP 07] PAPADAKIS S. ,"Technological Convergence: Opportunities and Challenges",International Telecommunication Union,available at: https://www. itu. int/osg/spu/youngminds/2007/essays/PapadakisSteliosYM2007. pdf,2007.

[PAT 13] PATEL K. ,"Incremental Journey for World Wide Web: Introduced with Web 1. 0 to recent Web 5. 0-a Survey Paper",International Journal of Advanced Research in Computer Science and Software Engineering,vol. 3,no. 10,2013.

[RAN 14] RANADE P. ,THOMPSON S. ,SUVOLTA INC,"The ＄10 Price Point Will Drive the Next Wave of Computing",available at: http://electronicdesign. com/ embedded/10-price-point-will-drive-next-wave-computing,2014.

37

[RIF 16] RIFKIN J. , CHEMLA F. , CHEMLA P. , La new nouvelle du coût marginal zéro: l'Internet des objects, l'émergence des communaux collaboratifs and l'éclipse du capitalisme, Babel, Paris, 2016.

[ROC 02] ROCO M. C. , BAINBRIDGE W. S. , Converging Technologies for Improving Human Performance, Report, National Science Foundation, 2002.

[SIF 15] SIFAKIS J. , "The Internet of things, une revolution à ne pas manquer. Prouver les programmes: pourquoi, quand, comment?", Collège de France, Paris, 2015.

[SIM 12] SIMONDON G. , Du mode d'existence des objects techniques, Aubier, Paris, 2012.

[STE 15] STEWART W. , "Internet Toaster, John Romkey, Simon Hackett", available at: http://www.livingInternet. com/i/ia_myths_toast. htm, 2015.

[TRI 11] TRIFA V. M. , Building Blocks for a Participatory Web of Things, Doctoral thesis, ETH Zurich, 2011.

[TRO 15] TRON, Ken Sakamura has received International Telecommunication Union (ITU) 150 Award Blog, available at: http://www. tron. org/blog/2015/05/topic0521/, 2015.

[VER 15] VERMESSAN O. et al. , "Internet of things beyond the Hype: Research, Innovation, Deployment", Building the Hyperconnected Society: Internet of things Research and Innovation Value Chains, Ecosystems and Markets, vol. 43, pp. 15−118, 2015.

[WCI 12] WCIT, "Convergence", World Conference on International Telecommunications, Dubai, December 3−14, 2012.

第3章　物联网生态系统技术简介

通过介绍与连接对象领域相关的背景、体系结构和协议等要素,使我们明白,需要突出解决的主要科学问题是:精确识别网络中的每个对象、数据传输协议的标准化和规范化、机器与机器(M2M)通信、加密和安全、法律状况和物联网的体系结构。

制造商基于特定的、有时是专有的架构来构建他们的产品和服务,因此不可能完全理解产品的功能,应用程序之间的互操作性受到公司开发此类专有模型意愿的限制,因此苹果公司的产品与谷歌公司的产品不兼容、谷歌公司的产品与亚马逊公司的产品不兼容。

公共体系结构的建立将越来越重要,因为它将使系统的概念趋于一致,并有利于打造兼容性和可访问性;它还将加速发展进程,并为新的功能发展铺平道路。在众多正在开发的体系结构中,具有共同属性的模型开始出现。三层体系结构和分层体系结构最终被证明是相对接近于上述目标的。自2015年以来,征求意见文件(RFC)①对物联网中的互动模式也进行了专门的讨论。

3.1　互联网体系结构委员会推荐的体系结构

2015年3月,互联网体系结构委员会(IAB)②编辑了RFC 7452。RFC 7452它包含了若干规范,用于处理物联网中各种不同的以及可以想象到的体系结构,它介绍了物联网参与者之间的4种共同互动模式[TSC 15]:

(1) 对象之间的通信;

(2) 从对象到云的通信;

(3) 从对象到网关的通信;

---

① RFC,字面意思是"征求意见",是一系列描述互联网技术方面或不同计算设备的官方文件。

② 互联网协会委托IAB监督互联网的发展,该组织分为若干工作组,如IETF(互联网工程任务组)。

本章作者:Ioan Roxin,Aymeric Bouchereau。

（4）从对象到后端的数据共享①。

下面我们将简要总结这 4 种模式。

3.1.1　对象之间的通信

图 3.1 所示为来自不同制造商的两个产品（如灯泡和电灯开关）之间的无线通信。由于集成了蓝牙或 ZigBee 等无线通信技术，这两个设备之间能够进行信息传输。

这种类型模式在家庭自动化系统或与体育活动相关的设备中是非常普遍的（如台阶计数器或心率监视器）。这些设备通过网络使用无线网络进行通信，通常基于 IP（互联网协议）和互联网。

图 3.1　机器对机器通信［ROS 15］

3.1.2　从对象到云的通信

在这种类型的通信中，传感器收集的数据通过网络（通常是互联网）传输到服务平台。

图 3.2 所示为温度和一氧化碳传感器将实时采集的数据传送到云中的特定平台。通常，平台由传感器的制造商管理，这些交互仅涉及单个服务提供商。因此，没有必要确保与其他制造商的互操作性。

服务提供者也不能幸免于经济问题的影响，因此客户也需要冒着制造商破产而导致所购买的产品失效的风险（开发产品的平台也不可避免这一点）。作为一种应对措施，如果在支持 IP 的网络上进行数据传输，就可以确保其互操作性，这样，制造商就可授权第三方开发应用程序及其产品。还有各种基于 IP 的协议和标准，它们专门用于设备和服务平台之间的通信，如 CoAP（受限应用协议，RFC 7252）、UDP（用户数据报协议）、REST（表述性状态传输协议）和 HTTP（超文本传输协议）。

这种架构能够正常进行工作得益于通信技术的使用，如 Wi-Fi 的广泛使用，可以覆盖几十米。例如，该体系结构模型可应用于相连的恒温器上，恒温器将收集数据，然后将其传输给负责存储和分析数据的应用程序，在此过程中也可以使

---

① 后端（back-end）一词是指计算机程序中不可见的部分，它们是算法和其他计算机处理方法。

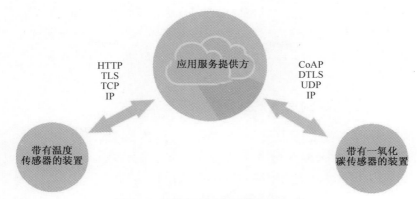

图 3.2　从设备到云的通信[ROS 15]

用户获取有关其能源消耗的详细信息。

3.1.3　从对象到网关的通信

与以前的模型不同,这个模型更适合那些不能直接利用 IEEE①802.11 定义的技术设备(图 3.3)。实际上,在某些情况下,要在传感器和云应用程序之间建立连接,就需要有一个中介,以解决某些设备有时与互联网协议不兼容的问题。

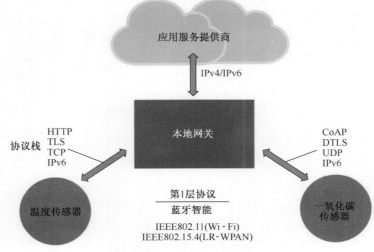

图 3.3　对象-门户通信[ROS 15]

制造商使用一个"网关"来检索由连接对象(CO)收集的信息,然后将其路

---

① 国际电气与电子工程师协会(IEEE)是一个专业协会,负责制定电气工程领域的若干标准。

由到服务平台。例如,智能手机是智能腕带和在线应用程序之间的网关。

这种架构的优点是,它允许在适应这种技术的系统中添加与支持互操作性协议(如 IP)不兼容的设备。然而,这种方法是昂贵的,因为它需要开发网关的附加应用程序。

3.1.4 从对象到后端的数据共享

本小节介绍的模型(图 3.4)解决了服务提供者之间数据共享的问题。

实际上,大多数情况下,连接对象生成的数据被发送到一个单一平台,这就阻碍了第三方提供商和应用程序对数据的利用开发。

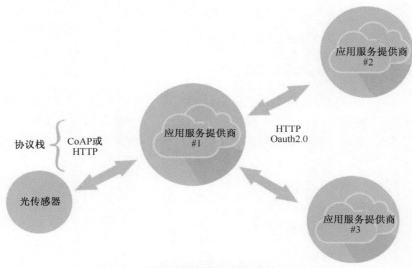

图 3.4　具有后端数据共享的架构[ROS 15]

尽管如此,一些制造商正在开发 API(应用程序设计接口),为利用外部制造商聚合的数据铺平了道路,这就是"可编程网页"的概念。这些平台设置了 API,通常是 REST 网服,它允许访问服务收集的所有或部分信息。

例如,活动跟踪器收集的数据可以被专门从事行为分析的服务使用。再如,利用运动产生的数据,第三方算法可以提供有关体育活动的建议。

3.2　三　层　结　构

许多团体已经开始为物联网开发标准架构,然而,这些开发工作往往仅用于某个具体的应用中[WG4 16]。例如,空军企业架构框架对空军 IT 系统特别感兴趣,同样,法国项目 AGATE(Atelier de gestion de l'Architecture des System d' Information and de Communication)只为法国军械库进行设计。

标准化组织 IEEE-SA 也开始做这方面的工作,但其目的是开发一个适用于所有应用程序环境的模型,这也就是 IEEE P2413[IEE 16a]团队诞生的缘由。

IEEE P2413 提供了一个模型和规范,可以超越不同领域之间现有的"障碍"。事实上,建立物联网的需求因部门而异。因此,当涉及安全性和可靠性方面时,医学领域比任何其他领域更需要谨慎和严格[IEE 16b]。对于休闲专用的连接对象来说,情况会更复杂。面对这一问题,工作团队确定了以下目标:

(1)建立了一个标准模型来定义不同领域共有的关系、交互类型和体系结构元素。

(2)开发了一个兼容的标准体系结构,适用于各种应用领域。

根据 IEEE-SA 的说法,这项工作应该在 2016 年完成。目前,IEEE P2413 工作团队考虑的架构如图 3.5 所示。

图 3.5　三层架构

该体系结构由 3 个层次组成。第一层为传感器和它们之间的通信(机器对机器)。它是由传感器和执行器组成的网络,它位于模型的基础,生成服务所需要的数据。

第二层由云计算所用,数据直接传递于云计算服务平台。这个层次把传感器网络、服务平台网络和数据处理程序等联系起来。该层对所拥有的数据进行存储、整合和分析。

第三层涉及向客户提供的应用程序和服务。由于来自传感器网络的数据以及云中特定计算机程序进行的分析,企业可以扩大其服务范围,如环境监测、医疗监测、能源消耗优化等。

该模型具有赋予云计算重要作用的特殊性。这个模型称为"以云为中心"①,因为它在很大程度上取决于云。在其物联网定义中,IEEE 已经将云计算

①　"以云为中心"是指以云计算为中心或基于云计算的概念。

作为一个关键要素。

3.2.1　分层结构

除了 IEEE P2413 任务团队开发的三层体系结构外，还有另一个层次结构，称为"多层结构"。

该体系结构遵循 IEEE-SA 提出的模型，采用了叠加层的形式。没有官方或通用版本，平均有 6~8 个不同的层次。每一层都代表着一项与物联网运作至关重要的活动，由一个或几个参与者组成。

通过这些不同的层次，我们还可以区分来自监测物理世界（环境）所产生的数据所走的路径。

例如，专门从事网络业务的美国思科（Cisco）公司对物联网很感兴趣，尤其是其连接方面。首席技术官 Jim Green 在 2013 年 10 月的"构建物联网"的演讲中，介绍了思科公司打算为物联网提供的模式。在这里，他提到了七层体系结构（图 3.6）。

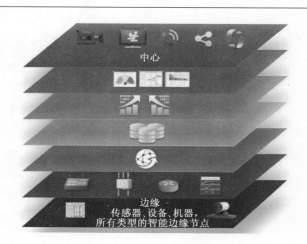

图 3.6　物联网的不同层次（来自［GRE 14］）

思科公司定义的七层架构如下：

（1）物理层是七层中的第一层。该层由设备和连接对象组成，如温度传感器、连接手表、体育活动跟踪器、连接灯、智能咖啡机、智能眼镜等。这些数据来源于连接对象集成传感器所做的"录制"。

（2）第二层处理连接和通信过程,该过程在物理层(最低层)和较高层参与者之间展开。与前面的模型相关,这部分相当于 IEEE P2413 描述的"感知层"。

（3）第三层为边缘计算,边缘计算主要是某些制造商用来减少通信距离、提高传输比特率和降低成本的一种技术。它将部分基础设施和处理能力集中在一起,从而缩短了产品、客户和服务平台之间的距离。这种技术类似于前面在 3.1.3 节"从对象到网关之间的通信"中提到的"网关"的概念。使用移动电话作为云服务和连接对象之间的中间接口就可以被认为是典型的边缘计算。按 IEEE P2413 提出的模型所述,该层位于感知层和云计算层之间的边界处。

（4）第四层为数据积累。在物理层中创建并路由到云之后,数据被存储在服务提供者的数据中心。

（5）第五层为数据抽象。将收集到的所有数据进行聚合,这一步骤包括根据具体条件对数据进行分组,以便创建特性一致的数据组。

（6）第六层涉及分析数据的应用程序和算法(深度学习),第四层~第六层对应于 IEEE 任务团队描述的云计算层。

（7）第七层是向用户提供服务和应用程序层。用算法对数据进行分析以创造价值,例如,由运动设备应用程序所提供的统计数据,或向智能恒温器用户提出的能源优化建议。此步骤对应于 IEEE 设想模型中的应用层。

3.3 构建物联网生态系统的步骤和技术

"一切相连"的概念已经渗透到我们日常生活的各个方面:采购叉子、鞋、照相机、T 恤衫、汽车、书籍、咖啡机、手镯、手表、桌子、钢笔、扬声器、电视、笔记本,甚至眼镜等产品,其活动包含了所有领域,无论是卫生、家庭、交通方式、基础设施,甚至整个城镇。出现的问题是:这将如何运作?

许多研究试图想象 2020 年的计算和互联网的前景。连接对象数量是一个反复出现的主题,这个指标给出了物联网可能扩大和增长的概念。数量估计与所做的研究一样多。例如,英特尔公司预测 2020 年将有 2000 亿个连接对象[INT 16],而思科公司估计连接对象的数量将达到 500 亿个[CIS 16]。然而,所有这些研究都一致认为,到 2020 年,数十亿个物体将渗透入侵到我们的环境。

连接对象是物联网的核心,有必要使所有相关设备连接起来,使它们能够在同一个网络中进行交互。除了连接对象的大量增加之外,物联网的构建经历了以下几个步骤,如图 3.7 所示。

（1）识别。要精确地确定哪个对象连接到哪个物体、以什么方式连接和连

| 识别 | 获取 | 连接 | 整合 | 网络化 |

图 3.7　设置物联网

接到哪个位置,而且这些都是远程完成的。以这样的方式,在 50 层高的楼房建筑物内,要求一名负责修理电气装置的电工,必须能够从他的工作站准确识别到故障电灯泡所在楼层、房间、角落、号码等。这需要一个完整的命名系统,以便能够支持未来终端数量的增长。

　　(2) 获取。为了使连接对象在物理世界和虚拟世界之间发挥桥梁的作用,传感器是必不可少的,已经证明它们数量的增加、小型化和融入环境是十分必要的,它们代表着连接对象的"感觉器官"。传感器位于物联网的底部,是提供应用和服务的数据源。

　　(3) 连接。将对象彼此连接,以便它们能够以更自由的方式交换数据。例如,在一所房子里,我们希望对象做出决定,并设置操作功能,使它们朝着相同的方向努力,并且其行动是协调、一致的。例如,房子里的灯具和百叶窗需要交互,以协调它们的动作。这样,当百叶窗"感觉"到夜幕来临时,它们会自动关闭,同时会向灯具发出信号,然后灯就会亮起来。

　　(4) 整合。借助无线通信方法将连接对象连接到虚拟世界,这些对象是可识别的,它们获取数据并相互通信,但它们也必须能够与服务平台共享数据。为此,每个设备都集成了一种通信技术(如蓝牙、ZigBee、NFC、Wi-Fi),以便信息传输。

　　(5) 网络化。用户希望能够与其对象进行远程交互,而服务提供者则希望收集生成的数据,这通常是服务的基础。因此,这些对象被连接到一个单一的网络,该网络连接了服务提供者及其云平台,从而使它们能够被远程控制。毫无疑问,互联网最适合这项任务。

　　物联网的构建经历了如表 3.1 所列的步骤。

表 3.1　构建物联网的步骤和技术

识别	获取	连接	整合	网络化
使识别每个连接的元素成为可能	设备的出现拉近了真实世界和虚拟世界的距离。对象的基本功能(如温度计的温度传感器)	在对象之间建立连接,以便它们能够通信和交换数据	使用通信手段将对象连接到虚拟世界	通过网络(如互联网)将对象及其数据连接到虚拟世界

（续）

识别	获取	连接	整合	网络化
IPv4、 IPv6、 6LoWPAN	MEMS、 RF MEMS、 NEMS	SigFox、 LoRa WAN	RFID、NFC、 蓝牙、 蓝牙 LE、 ZigBee、Wi-Fi、 蜂窝网络	CoAP、 MQTT、 AllJoyn、 REST HTTP

下面将介绍每一步骤中所涉及的技术解决方案。

3.3.1　识别

数十亿个物体要组成物联网,第一步就是识别它们。事实上,所有的对象都是可以单独识别的。办公室里的智能咖啡机必须有一个唯一的标识,这样才能通过一个庞大的终端网络来识别它。

必须能够识别网络中的每个对象,换句话来说,在智能住宅中有了大量的物品,例如,咖啡机、冰箱、烤箱、床、车库、百叶窗、锅炉、锁,所有这些都必须通过一个单一的网络连接;又如,必须能够准确地识别咖啡机或厨房的一盏灯等,以便更换它们。

识别阶段中的这一问题已经在互联网协议中考虑到并解决了。对每台计算机进行识别,IP 地址可用于执行此操作。它们的功能类似于邮政部门用来递送邮件的地址。如果要向连接到互联网的另一台计算机发送消息,该计算机必须有一个地址(IP)。使用此地址,服务器将邮件重新定向到收件人计算机。

3.3.1.1　从 IPv4 到 IPv6

自 20 世纪 80 年代以来(至今仍是如此),绝大多数计算机系统都使用 IPv4。虽然在互联网开始的时候,它是完全满足需求的,但当互联网连接的机器数量增加到一定水平的时候,它就不能满足需求了,并且也不符合物联网发展的愿景。事实上,RFC 791 在 1981 年[POS 81]定义的 IPv4 编码为 32b,这意味着只能分配 2^{32} 个唯一的地址(等于 4294967296 个)。然而,连接到网络的终端数量并没有停止增长,到 2011 年 2 月为止所有的地址都已被分配[1]。因此,将此协议应用于物联网是不可行的。为了解决这一问题,提出了一种新的协议 IPv6。

---

[1]　2011 年 2 月 3 日,公开的 IPv4 地址数量已正式达到饱和点。

IPv6 编码为 128b,允许创建 2^{128} 个唯一地址(等于 $3.4×10^{38}$ 个)。因此,该协议提供了足够的增长空间。物联网可以通过单个网络连接大量的连接设备。因此,由于 IPv6 提供了大量的地址,它似乎是理想的选择,允许对每个对象进行唯一的标识。有了 IPv6,估计地球上每一个人将有几万亿个地址[IEE 07]。尽管预计到 2020 年将出现数十亿个连接对象,但 IPv6 还远未饱和。

3.3.1.2 IPv6 低功耗无线个人局域网(6LoWPAN)

6LoWPAN 是适用于低功耗设备的 IPv6 的等效协议。IPv6 通过允许将地址归属到数十亿个连接对象解决了 IPv4 的问题,然而,要将该议定书集成到传感器中仍存在一些困难,发出的数据包的报头标签对于这种类型的设备来说太大了。必须进行的计算是复杂的,需要高能耗来处理它[MUL 07]。

在此背景下,2005 年,互联网工程任务团队(IETF①)创建了 6LoWPAN 工作团队,其目标是解决与传感器的 IP 实现相关的问题。经过 RFC 的几次审核和公示,2007 年 9 月,工作团队发表了 RFC 4944,最终允许使用 6LoWPAN 技术的设备连接到互联网。该技术压缩了 IPv6 数据包的报头标签,使其应用在不同的设备上成为可行。

6LoWPAN 是基于 IEEE 802.15.4 通信协议的,该协议专门用于 LR WPAN 无线网络(低速率无线个人区域网)。换句话说,它处理着整合短程、低功耗和低比特率为一体的设备。其目的是将系统与很少的资源互连,如传感器。

通过 IP 开发通信协议具有许多优点,传感器可与多种通信技术(如 Wi-Fi、以太网或手机网络)互操作。此外,设备受益于网络的安全工具与 IP、命名系统一起运行,更广泛地说,从过去几年实施的所有手段来看,确保了 IP 的可持续性。

3.3.2 获取

如上所述,精确地识别单个网络中的每个连接对象是很有必要的,这样才能访问、控制它们,并运行程序、执行维护或修改行为。所有这些都是远程完成的,独立于用户的地理位置。识别步骤之后是数据获取,即传感器的设置,以将模拟信息转换为数字信息。

为了发挥作用,连接对象必须有传感器和(或)执行器。物体必须由传感器来记录其周围环境参数,以及和周围环境有关的事件。连接对象对物理事项采

---

① 互联网工程任务团队(IETF)是一个向所有参与互联网标准概念的人开放的组织。

取动作需要执行器,它们是电子命令和实际行动之间的纽带。

　　因此,你的咖啡机必须有传感器,使它能够跟上咖啡的供应,从另一个角度来说,咖啡机要配备温度传感器和执行器来加热杯子。

　　如果我们希望连接对象让我们的日常生活变得更容易,让我们摆脱无益和不愉快的事物,那么连接对象就应像我们一样,有必要具有"感觉":视觉、触觉听觉、嗅觉或味觉。因此,传感器是连接对象"感觉"的感觉器官。传感器有多种类型:声学传感器、压力传感器、位移传感器、加速度传感器、光传感器或温度传感器。

3.3.2.1　微机电系统(MEMS)

　　传感器和驱动器的设想使用了 MEMS 技术[CIV 12]。MEMS 是一个小系统,用千分尺度量,由机械元件组成,以电为能量。它是 20 世纪 70 年代初发展起来的,并在几年后推向市场,目前存在于大量的日常用品中。由于计算机技术、电子技术、化学技术、机械技术和光学技术的结合,这就使得将物理现象转化为电信号成为可能。MEMS 是物理现象与我们周围环境及电子世界(信号)之间的接口。

　　MEMS 主要由传感器组成,这些传感器可以"捕捉"周围世界的物理现象,以便随后将其转化为电信号。无一例外,传感器只关注单一的物理现象。由于微系统作用的存在,一个被连接的温度计可以获取周围的温度,一个灯的光照强度会根据周围的亮度自动变化,一个安全设备可以检测到某类人的存在,一个管道系统可以检测出可能的漏水情况。

　　RF MEMS 是 MEMS 衍生产品,代表"无线电频率",它专门用于将通信与无线电频率相结合的设备,它在 20 世纪 80 年代初发展起来但长期搁置,现在被用于天线中。

3.3.2.2　小型化

　　除了 MEMS 技术之外,微型化在传感器的发展中也起着主导作用。事实上,传感器以及其他设备,如用于无线通信的电池或组件,正在变得非常之小。这是一种趋势,促使企业创造尺寸越来越小的电子产品,其结果是它们有时可以生产出微米级或纳米级尺寸的产品。纳米机电系统(NEMS)是一种纳米级的微型化系统。通过摩尔定律,计算机系统的产品趋向小型化,同时以低成本获得其性能。除此之外,这些因素是能够促使嵌入式计算开发的主要因素,此类计算能够嵌入任何可以想象或可能的对象中。

3.3.3　连接

从这一步开始,连接对象可以通过 IPv6 协议以唯一的方式被识别,并且配备了使用 MEMS 技术的传感器和执行器,使它们能够将周围环境信息转换成电信号。连接对象产生了数据,然后需要相互通信和交换信息。

物联网中,计算是无处不在的,因为有大量的连接对象和计算机系统。网络也是如此:今天,我们周围到处都有连接和网络。只有通过网络,对象才能进行协作一致地交流和执行操作,以便使用户得到更好的体验和服务。为了使所有这些连接对象的行为具有一定的一致性,必须将它们连接起来(图 3.8)。

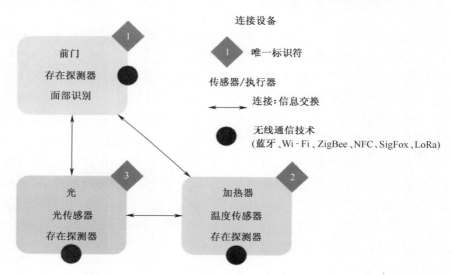

图 3.8　连接对象之间的通信

在没有任何其他参与者(对象或人)帮助的情况下,这些连接对象自主地进行操作,只能提供最低限度的服务功能。因此,人们对拥有能够相互通信的"连接"对象产生了兴趣。于是,如果当你走到前门,你的智能家庭认出了你,并为你打开门,那就太好了。要做到这些类似的事情,例如您接近加热器以及灯时,发送一个信息,该信息将启动特定的照明和取暖程序。另一个可能的连锁反应是一个闹钟的动作,它可以检测到你什么时候醒来,并将信息传送到咖啡机,咖啡机会立即打开。因此,人们对仅靠自己来从事行动的连接对象兴趣不大,一个咖啡机如果不具有与闹钟或前门通信的功能,它的推广使用会受到限制。

相互连接的对象提供了新的功能,使它们的使用更加相互关联。目前,谷歌公司、苹果公司、Facebook 公司和亚马逊公司等大公司开发的对象并不能够相互交流,或者说仅在最小的、可忽略的规模上有点儿关联。这是一个支离破碎的物联网,每个公司都创建了自己的生态系统,即封闭的生态系统,都对外部参与者关闭,就像 Web 2.0 一样,服务平台创建的是一个封闭的空间①。

由于生态系统众多,所以说并没有这样一种生态系统:物体在其中用同一种语言,相互交流,并形成一种凝聚力和共处的形式。

3.3.3.1 机对机通信(M2M)

这种从对象到对象的操作模式称为 M2M。它是通过有线或无线通信技术在具有相同应用程序、相同背景的设备之间建立通信的一种实现方法。M2M 允许降低成本、提高效率,并具有更安全、更有保障的流程。M2M 是物联网不可分割的一部分,它定义了对象之间的交互模式。在这个范式中,交互不再仅仅是在人机对话框架内进行,而是在机器与机器之间进行的。可以这样具体地定义它,M2M 系统由能够捕捉来自外部事件数据的一些设备、一个用于这些设备通信的网络和一个收集、储存、分析数据(为实施操作而收集的数据)的云平台组成[HOL 14]。

机器间通信主要是在 LPWAN(低功耗广域网)网络基础设施上进行的。这种类型的网络特别适合低消耗、需要远距离覆盖的设备群。LPWAN 支持低比特率和较长时间的小容量通信,应用程序所使用的传感器和执行器需要工作几年,有时甚至多达十几年,此外,各传感器在应用中的距离可以以千米计。然而,使用这些设备的目的是使其在数年内能发射和接收数据。为此,开发了能够确保低消耗通信和广域覆盖的技术。

3.3.3.2 SigFox

SigFox 公司是一家成立于 2009 年的法国公司,它开发了一个 M2M LPWAN 型网络。这个网络是节能的,并且具有低比特率[WAT 14],该网络通过 UNB(超窄带)技术进行运行,能提供几十赫兹的传输。相比之下,通过 GSM 网络发射的信号达到数百千赫,在某些情况下甚至达到兆赫。

SigFox 使用 ISM 频段(在全球范围内都可以获得,没有许可证,是免费的)通信。传输限制为每天 140 条消息,并且是双向的,也就是说,终端可以接收和发送信息。发送的消息大小是可变的,但不能超过 12B。

SigFox 是一个专有网络,这意味着企业必须支付订阅费才能从服务中获益。

---

① 例如,Facebook 提供的几个服务只有那些有用户账户的人才能访问。它的所有服务和内容都受到身份验证机制的保护,网络上的其他参与者无法访问这些服务和内容,生成的数据是不公开的。

反过来,SigFox 公司要负责天线安装、基础设施建设和网络管理等工作。

3.3.3.3 远程广域网(LoRaWAN)

LoRaWAN 协议是 SigFox 的竞争对手。就像 SigFox 一样,它通过无线电工作,允许长距离的低比特率通信。

LoRaWAN 是 2012 年由 Semtech 公司以 LoRa 联盟的名义开发的。与 SigFox 不同,LoRaWAN 是一种开放的技术,这意味着任何企业都可以开发自己的 LoRa 网络,反过来,企业必须自己建立必要的基础设施。换句话说,作为网络一部分的连接对象必须集成一个 LoRa 芯片,连接到互联网的天线设施(中继)中,帮助企业开发 M2M LoRa 网络业务。

就像 SigFox 一样,LoRa 也使用 ISM 频带,并允许双向通信。这种装置的传输距离可达 15~20km,并且具有十几年的自主性。LoRa 允许的传输比特率为 0.3~5Kb/s[POO 15]。

3.3.4 整合

之前步骤,通过 IPv6 已经实现了对连接对象进行唯一标识。MEMS 技术允许多种传感器和执行器作为感觉器官,这样它们就可以获取数据并在物理世界中活动。连接对象能够收集数据并与其对应方共享数据,这就是机器对机器的对话。现在,重点是使机器能够连接通信手段,实现与服务平台和用户的交互。

每个连接对象必须集成到一种通信技术上,使其能够将数据具体化,并首先将数据从物理世界转换为电信号,然后借助传感器,将电信号转换为计算机数据。有许多解决方案能够将对象和虚拟世界连接起来,并且每个解决方案都试图解决设备所面临的各种不同情况及问题(图 3.9)。

对象连接的特定要求取决于应用程序。换句话说,产品未来的使用会影响通信方式的选择,一个智能腕带可以很容易地在几厘米的范围内实现通信,然而,一个交通灯则需要在高达几千米的范围内实现交互。能耗也如此,因为连接对象没有直接连接到能源上,这就要求连接对象能够自主地工作,而且,在某些情况下,他们必须保持十几年有电可供。智能锁不能连接到电源,也不能每天充电,但必须一天 24h,一周 7 天能够可靠使用,停电就会造成严重的后果(如盗窃)。下列因素是影响连接对象未来应用的最严重的因素:

(1) 能源消耗;

(2) 通信速度;

(3) 传输质量;

(4) 价格;

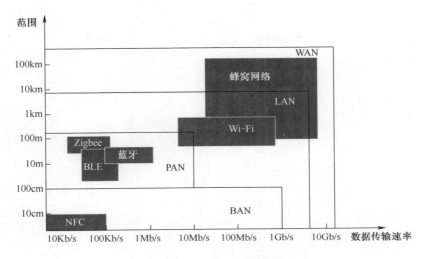

图 3.9　无线通信技术展示

（5）距离。

我们可以根据信号范围对这些无线网络进行分类,也可以根据其未来的使用进行分类(图 3.10)。如图 3.10 所示可以分为 BAN(人体域网)、PAN(个人局域网)、LAN(局域网)和 WAN(广域网)[1]。

3.3.4.1　人体域网(BAN)

BAN 是由无线网络技术组成的一个类别,旨在连接在人体表面、人体周围和人体内的设备。这些微型系统配备了传感器和执行器,能够测量特定的人类特征(如步数、心率、血压)并可采取相应的对策。它们通过同一个无线网络进行通信。

IEEE 802.15.6 标准为更高级别 PAN 类别网络提供无线技术的标准,被称为 IEEE 802.15[2] 的扩展,该标准旨在为更高的 PAN 类网络提供无线技术。IEEE 802.15.6 提供了 BAN 网络规范。它为这种类型的无线网络的实现定义了一个标准模型[KWA 10]。BAN 的特点如下[ASA 14]:

（1）低能耗(能进行几天或几个月的自主工作);

（2）高数据传输比特率(大于 1 Gb/s);

（3）高传输质量(数据损失很小);

---

① 　MAN(广域网)类包括非常少的技术(如 WiMAX)。

② 　IEEE 802 在更高的层次上负责监督无线技术的标准化。

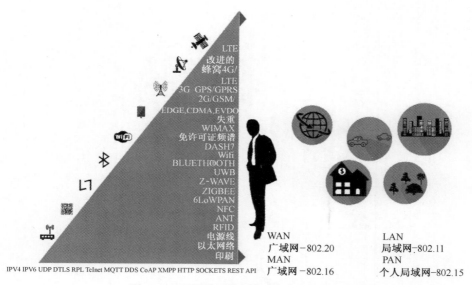

图 3.10　不同类型的网络(改编自[POS 16])

(4) 短程(10m 以下)。

BAN 主要应用于医学和体育领域。在医学领域,这种类型的网络对于实时跟踪患者生命体征的变化尤其有用。随着传感器变得越来越高效,通过 BAN 可以精确地检测心率、心电图或血压等生命体征。该网络使医院能够及时发现受监测病人的心脏问题。

出于同样的原因,这种类型的网络对运动员来说是非常有用的,用于跟踪和分析他们的表现。运动员和教练员可以看到他们的速度、心率、行走距离、能量消耗,甚至血压。

能够集成 BAN 的技术包括射频识别(RFID)和近场通信(NFC)。

1. 射频识别 RFID

RFID 是一种利用射频识别物体的自动识别技术。RFID 系统中配备了芯片或其他类似设备,可以通过无线电天线向专用的读取器发送信息[OFF 08]。

1983 年,发明家 Charles Walton 申请了第一项 RFID 专利,他被认为是这项技术之父。1999 年,麻省理工学院建立了汽车识别中心,物联网的发明者 Kevin Ashton 在该中心工作。这个研究中心专门研究自动识别技术。2004 年,该中心转变成为 EPCGlobal,是一个负责推广 EPC 标准的组织,这是对传统条形码的延伸[CNR 16]。

接受无线电识别的设备集成了一个"无线电识别标签",这是一种黏合组件,包括无线电天线和存储器芯片,该芯片包含一旦写入①就不能被修改的标识码号,芯片具有用于完善信息的存储空间。无线电识别标签被称为"被动"的,这意味着,除了读取设备提供的能量,它不使用任何其他能源。读取可以在距离相隔 200m 的情况下进行。

应用程序是多种多样的,RFID 可以作为进入建筑物、公交车或确保企业产品可追溯性的徽章。

2. NFC

NFC 是一种无线通信手段,其范围很小,约 10cm。使用 NFC,两个设备可以以 106Kb/s、212Kb/s 或 424Kb/s[CUR 12]的比特率交换信息,可以采用以下 3 种交互方式:

(1)卡片模拟。设备的使用相当于使用卡片或徽章,是被动的,等待被阅读。

(2)读取。与以前的设备不同,该设备处于主动状态,可以读取电子标签上的信息。

(3)点对点。两个设备之间交换数据。

NFC 的第一次使用可以追溯到 1997 年。孩之宝玩具公司销售"星球大战通信技术阅读器",并配有主要人物的几个模型,它使用了名为 CommTech 的旧版 NFC。当其中一个模型被放置在 CommTech 阅读器上(更准确地说,这些模型的底座上有一个电子芯片)时,就会发出一条音频信息,即模型中的电子芯片向读取器发送了一条声频信息,然后读取器发出声音[GIL 12]。直到 2003 年,该项技术才被国际标准化组织和国际电工委员会(ISO/IEC)和欧洲计算机制造商协会(ECMA)正式确定为标准。

此解决方案目前正在一些应用程序中使用和实现,诸如:非接触式支付,车辆启动,在同一个社交网络上的两个用户之间交换文件,获得建筑物自动化功能或者阅读有关产品的信息。

3.3.4.2　个人区域网(PAN)

就像 BAN 一样,PAN 是一个短距离无线网络(十几米)。它基于 IEEE 802.15,适用于外围设备和计算机之间的短距离传输通信,保证了鼠标、键盘、打印机、扬声器、平板电脑、智能手机和计算机之间的连接。PAN 普遍取代了计算机和移动电话周围本来会存在的所有有线连接。

---

① 这是一种存储技术,允许一次写入,多次读取。

IEEE 802.15 为 PAN 制定了一些标准,例如蓝牙、蓝牙 LE 和 ZigBee 技术。

1. 蓝牙

蓝牙技术作为一种流行的短距离通信技术,正在大量的产品中应用,如智能手机、键盘、耳机、智能腕带、智能手表和无线鼠标。

蓝牙最初的构想是让电话在无线连接的情况下进行通信。20 世纪 90 年代,几家大公司(如英特尔、诺基亚、爱立信)试图开发这种技术。1996 年,这些公司决定采用共同的技术和共同的名称。因此,这项技术在 1998 年以"蓝牙"①[KAR 16]的名字推出。

蓝牙允许通过无线电波进行双向通信,传输范围是非常短的。有 3 种类型的蓝牙,它们有着不同的传输范围(表 3.2)。

表 3.2　每类蓝牙的传输范围

类型	传输范围/m
1	100
2	10~20
3	几米

蓝牙除了通信距离相对较短外,还具有能耗低、价格低廉的特性。这些特性使蓝牙最终流行起来,并在智能手机上得到了系统的应用。蓝牙的比特率可以达到720Kb/s[BLU 16]。

2. 低能耗蓝牙(蓝牙 LE)

蓝牙 LE 或智能蓝牙是上面介绍的蓝牙技术的一个变体。蓝牙 LE 是由诺基亚制造的,它的特点是消耗的能源更少。由于能耗是物联网中的一个强制性约束,蓝牙 LE 可以是个理想的解决方案,可以确保对象在个人区域网络内的连通性。

诺基亚于 2006 年开发出了 Wibree[GRA 06],目的是创造一种等同于蓝牙的技术,以便大大降低能耗和成本。2007 年,蓝牙集团同意将 Wibree 集成到新的蓝牙 4.0 的规范中,从而成为超低功耗蓝牙技术。直到 2010 年,Wibree 才在蓝牙 4.0 中完全实现,称为蓝牙 LE[BLU 15]。在 2011 年 10 月推出的 iPhone 4S 是第一款拥有这种技术的手机。

---

① "蓝牙"这个名字是由 Jim Kardach(英特尔公司工程师)提出的。这个命名的灵感来自于 Sven Mattisson(爱立信的工程师)他向 Jim Kardach 讲述了一本名为《长船》的书(由 Frans G. Bengtsson 著),其中有关于丹麦国王哈拉拉德·蓝牙的故事。这位国王以统一了丹麦并使其基督教化而闻名。就像哈罗德国王统一丹麦和挪威一样,蓝牙将统一两种设备。

在技术特性方面,蓝牙 LE 非常类似于经典的蓝牙。尽管比特率上升到了 200~300Kb/s 左右,但还是有点低。蓝牙 LE 的主要吸引力在于其低能耗,从 1W 降到 0.01W 和 0.5W[GAI 12]。

3. ZigBee

基于 IEEE 802.15.4 标准的 ZigBee① 是一种低消耗的通信协议,就像大多数针对 PAN 的技术一样。它的目标是通过更简单、更少的能耗、差不多的通信距离、更便宜的价格来与蓝牙竞争。

继蓝牙和 Wi-Fi 之后,ZigBee 于 1998 年迈出了第一步。它发展的主要动机是竞争技术无法满足的一些具体需求。实际上,ZigBee 与网状网络是兼容的,它复制了互联网的功能,每个节点都可以接收和中继数据。信息从一个节点传播到另一个节点,再到接收节点。

2005 年,ZigBee 联盟② 公布了通信协议的官方规范。当比特率设置为 250Kb/s[ZIG 16]时,数据传输距离要从十几米扩展到 100m。

3.3.4.3 局域网/广域网(LAN/WAN)

除了 BAN 和 PAN 无线网络之外,还有更高级别的局域网(LAN)类型的网络。LAN 是指在一个局部的地理范围内(如家庭、办公室、商店或博物馆)运作的无线通信网络。最常见的情况是,它是一个由个人计算机通过路由器连接互联网的家庭网络。Wi-Fi 就是一种可以集成局域网的无线技术。

广域网(WAN),顾名思义,包含了无线通信技术,其范围可以覆盖很大的地理区域。

1. Wi-Fi

Wi-Fi 是一组无线通信协议。它被集成到几乎所有计算机(桌面或便携式)中,通常用于将计算机连接到路由器以进行互联网的访问:

这是一种"无线电波的无线传输技术,用于本地网络,允许以高比特率交换数据,并可接入互联网。"(法国法语国家办事处,http:/Grand dictionNaire.org,2008 年)

Wi-Fi 技术基于 IEEE 802.11 标准开发的。IEEE 802.11 标准第一个版本

---

① ZigBee 这个名字的起源来源于蜜蜂为了远程交流而表现出来的特定行为。蜜蜂通过不同形式、不同摆动频率的肢体动作,向它们的同伴发出信息和指令,这种交流方式被称为"摇摆舞"。资料来源:http://www.eetimes.com/document.asp? doc_id=1278172。

② ZigBee 联盟是一批维护 ZigBee 标准的制造商。

是在 1997 年经过几次无线连接试验后①发布的。1999 年,国际品牌集团(Inter-brand)公司首次将 Wi-Fi 这个词用于商业产品,该公司也是 Wi-Fi 标识的发起者。

"Wi-Fi"技术对应于 Wi-Fi 联盟发布的标签,Wi-Fi 联盟是负责设备互操作性规范的组织。因此,只有在设备的 Wi-Fi"标签与 IEEE 802.11 标准兼容的情况下,才能销售带有"Wi-Fi"标签的设备。遵循最初的标准 IEEE 802.11,IEEE 开发了标准的新版本,每个版本都有许多改进和新的规范(表 3.3)。

表 3.3　IEEE 802.11 标准中的一些变化[IEE16c,IEE16d,WIF 14]

标准	时间/年	最大速率/(Mb/s)	平均距离(室内)/m	平均距离(室外)/m
IEEE 802.11	1997	2	约 20	约 100
IEEE 802.11a	1999	54	约 25	约 75
IEEE 802.11b	1999	11	约 35	约 100
IEEE 802.11g	2003	54	约 25	约 75
IEEE 802.11n	2009	450	约 50	约 125
IEEE 802.11ac	2014	1300	约 20	约 50

当涉及应用程序时,Wi-Fi 是访问互联网的首选技术之一。如前所述,它是一项无所不在的技术,在今天大多数移动电话中得到应用。"热点"②(Hotspots)在主要城市成倍增长,例如,巴黎已经在公共设施中安装了 300 多个 Wi-Fi 热点[MAI 16]。

2. 手机网络(蜂窝网络)

为了应对日益增长的需求,手机网络一直在迅速发展。他们的基础设施和技术解决方案是为数以百万计的用户同时使用的网络而设计的。

手机网络称为蜂窝网络,因为网络覆盖的区域被划分为"蜂窝"的小区域。每个蜂窝都有一个基站,基站上有一个发射机/接收机(天线),它被分配给一个频率范围。这些单元是六角形的,因此每个相邻单元之间的距离是相同的。

每个蜂窝的基站由一个天线、一个或多个发射机/接收器和一个控制器组成,控制器管理其中一个终端向网络其他终端的呼叫。基站连接到移动交换中心,移动交换中心的任务是为呼叫分配信道(确保从一个蜂窝的终端到另一个的通道),以及记录大批量数据。

---

① 1991 年,开发了一种名为 WaveLAN 的现金收银机系统。
② 热点是一个 Wi-Fi 终端,允许接入互联网。

蜂窝网络使频率优化使用成为可能,从而能保证为所有用户提供移动通信服务。蜂窝网络包括 GSM、GPRS、EDGE、UMTS 和 LTE 网络(表 3.4)。

表 3.4　蜂窝网络概述[GUP 13]

网络	说　　明
GSM	该网络以电话通信为基础,它是随着移动基础设施和蜂窝网络而诞生的。不便之处在于,它对相邻蜂窝施加了不同的频率范围,以避免干扰的风险,并且不使用分组进行数据传输
GPRS	也称为 2.5G,这种类型的网络在理论上以最大比特率 171Kb/s 的方式授权数据包中的数据传输。它与互联网上首次出现在移动电话相对应
EDGE	2.75G 网络提高了分组的传输速度(现在是 384Kb/s)
UMTS	又称为 3G,其比特率足以发送电子邮件、媒体视频或分享照片
LTE	又称为 4G。理论上,它的比特率可以达到 150Kb/s
5G	它的比特率能够每秒数千兆比特,将更好地适应云计算以及物联网

蜂窝网络是确保不同物联网参与者之间通信的可能解决方案之一,这些参与者包括连接对象、网关、数据中心、数据分析平台、在线服务等。

根据表 3.4 所详述的特点,蜂窝网络有可能解决因某些制约因素而引起的问题,这些制约因素对连接对象是有所限制的。事实上,这些取决于范围和环境,但是连接对象的安装可能需要远距离的无线连接。在与之相连的农业地区,就有一些实际通信距离达到数千米以上,甚至几十米,例如对牛群中的每头牛进行单独监视就是这种情况。然而,蜂窝网络现已覆盖了广大地区。移动电话运营商 Orange、Free 和 SFR 已经为其遍布整个法国的网络安装了基础设施,这些网络覆盖面积还在继续增加。

除了 GSM 之外,其他网络也为连接对象提供了较高的比特率。GPRS 和 EDGE 的情况尤其如此,但与 LTE 和 UMTS 相比,两者都提供了相对较低的比特率,尽管如此,它们可以适用于 M2M。我们在 SigFox 和 LoRa 网络中看到这一点,M2M 在比特率方面要求不高,并认可了这种规模的传输速度。

3.3.5　网络化

我们可以使连接对象通过唯一的地址识别,也就是说可通过 IPv6 地址识别。这些被连接的物体与若干传感器和执行器关联,由于多个传感器的作用,它们将把它们围绕的物理世界转换成电信号,因此,MEMS 作为物理世界和电信号之间的接口,当有电信号产生时,不同设备之间就能够交换数据,以便获得同步数据,这就是机器对机器的通信。然后,通过通信技术将这些设备产生的信号集成到虚拟世界中,这些通信技术包括低能耗蓝牙、ZigBee、NFC 或 Wi-Fi 技术。

最后,要将这个由连接对象和虚拟世界组成的物理世界连接到云平台,并在一定程度上连接到用户。

联网是启用物联网所需的最后一步。这一步骤包括连接物联网的参与者,即在连接对象和服务提供商之间建立通信通道,传感器产生的数据必须传输到服务平台。生产连接对象的企业也需建立并行的平台(基于云计算模型),以处理连接对象发送的数据。这一过程是向用户提供核心的服务:通过数据存储和分析,平台可以为应用提供更多的功能。"更有用"和"更智能"的应用程序以及新的功能,如远程控制连接对象等,都是从数据生成和分析中产生的。

对于这项任务,互联网似乎是最好的选择,因为它已经允许数十亿互联网用户相互交流[1]。此外,如果没有规范传输方式的协议,就不可能从互联网的一端向另一端传输信息。用高速公路系统比喻,试图从 A 点到 B 点的人必须确定他们的路线,但也要选择他们使用的交通方式。同样,通过互联网进行数据传输也需要一种传输方式。

目前,已引入了若干协议(如 CoAP、MQTT、AllJoyn 和 REST HTTP),以规范和管理上网对象的通信手段。

3.3.5.1　有限应用协议(CoAP)

CoAP 是一种开放的标准,该标准适用于有限资源(如内存、能量、电源)的电子设备,如传感器。使用该协议,设备可以通过互联网进行通信和交互[ROS 15]。

CoAP 主要由 IETF 编辑,更准确地说是由被称为"有限悠闲环境(CoRE)"的任务团队编辑的,基本技术要求可在 RFC 7252[SHE 14]中查阅。CoAP 这个标准的目标是开发一个比现有协议(如 HTTP)更简单的通信协议,且保持某些高级规范,如组播[2]。在这个概念下,核心任务团队负责确保 CoAP 和 HTTP 之间的互操作性,并集成了对 URI 协议的支持。CoAP 与所有支持 UDP[3][COL 11]的设备兼容。

3.3.5.2　遥信消息队列传输(MQTT)

MQTT 是 IBM 工程师 Andy Stanford-Clark 和 Cirrus Link Solutions 公司的

---

① 2014 年底,超过了 30 亿互联网用户。
② 组播是一种旨在将数据包从单个源发送到多个源的技术。
③ UDP 是互联网使用的一种通信协议。和 TCP 一样,它监督数据包的传输,但与 TCP 不同的是,在发送每个数据包之前,不存在"握手"协商操作。

Arlen Nipper 于 1999 年发明的一种通信协议。

MQTT 是一个 ISO[①] 标准,专门用于发布-订阅通信,并基于 IP/TCPTCP/IP 开发的协议对。这种模式不允许发送者直接向收件人发送消息,而是以信息流或类别来传输消息。因此,接收者是那些已注册此信息流或此类别的人,因为他们"订阅"了。订阅者只能接收属于他已选定类别的邮件。在这个体系结构中,MessageBroker 程序负责接收发出的消息,目的是以与接收方兼容的格式传送[BAN 15]。

3.3.5.3　AllJoyn

作为该项目的主要发起者,高通公司于 2011 年首次在世界移动通信大会上作了介绍,AllJoyn 的目标是成为一个能够支持连接对象和应用程序互操作的系统[ALL16]。

它是一个开放的框架,其目标是允许一个设备与它周围的其他设备进行通信,且和设备的品牌无关。换句话说,AllJoyn 提供了必要的工具,以确保不同来源和设计的产品之间的通信[LIO 11]。

此外,为了进一步采用这种开放连接方式,创建了 AllSeen 联盟,以促进物联网内部的互操作性。

3.3.5.4　REST HTTP

REST 是由 Roy Fielding 博士在 2000 年度博士论文中提出的,它被称为是超媒体系统的架构设计者,它定义了部件之间在交互过程中所涉及的组件、角色和约束。该体系结构确保系统实现其性能,还具有简单、可移植或灵活等属性。

在与交互相关的约束中,应用 REST 体系结构的系统称为 RESTful。RESTful 通常与协议 HTTP 一起工作,并使用与其相关的动词:PUT、GET、POST 和 DELETE。CRUD 是指用于在数据库中存储信息的 4 个核心操作,分别是 CREATE、READ、UPDATE 和 DELETE。RESTful 体系结构主要是在 Web 服务[②] 中实现的。

网络服务汇集了一组技术,这些技术允许终端(及其应用程序)通过互联网和独立于它们使用的语言进行通信。它们依赖于广泛的协议,如 XML 或 HTTP。这些程序可以通过使用网络标准在互联网上访问,因此,随着用户移动

---

① ISO/IEC PRF 20922。

② 虽然 REST 比较流行,但是一些网络服务使用的是简单对象访问协议(SOAP),实现更加复杂,其优点是比 REST 更可靠。

性的提高以及日常生活中使用设备的多样性,它们的优势使它们越来越受欢迎。这些程序的接口是以机器可以解释的方式描述的,客户端应用程序可以自动访问它们的服务。使用独立于平台的语言和协议增强了网络服务之间的互操作性。

3.4　物联网生态系统中的机遇和威胁

最初的连接对象只有计算机,如今的连接对象也包括了物理对象,因为它们正成为互联网网络的组成部分。互联网向"物联网"的扩展使得物理世界和虚拟世界之间的边界越来越具有渗透性。连接对象及其众多传感器(如温度传感器、运动传感器、湿度传感器、位移传感器、光传感器)对物理世界的量化,以及运用复杂的算法对测量得到的数据进行处理,可以使我们通过改变目前的行医方式甚至改造整个产业,并使整个行业发生深刻的变化。这一愿景应具备以下条件:尽管围绕物联网开发的应用程序和服务有能力改进、优化甚至使各种活动自动化,但是关于设备的安全性、数据的保密性和数据附加价值的真实性仍然存在问题。随着物联网的发展,仍然存在着一些危险,需要建立监管系统和独立的监测机构,以避免出现诸如用户滥用监视、未经授权收集信息和入侵嵌入式系统等问题。

3.4.1　机遇

自 2010 年以来,物联网规模不断扩大,跟随这一趋势的企业已经制定了将新产品整合到医药、工业、家庭自动化或社交网络等各个部门的战略。在工业 4.0 的时候,法国的初创公司就在积极地生产新的连接设备,展示了公司的活力,从而吸引了一批新一代企业家、投资者、工程师和设计师加入该公司。此外,出现了一些国家和国际组织在一个或几个具体的领域开始致力于规范物联网的发展。

物联网是互联网扩展的结果,它互联的不仅限于计算机,而且还扩展到物体和人,成为一个通过网络"不断连接"的世界,在这个世界中个人不受技术限制地分享信息和合作。个人信息在网上肆无忌惮地发布并通过社交网络(如 Facebook、推特或者 Instagram)不断地在网上展示私人生活,这些虚拟的公共场所,扰乱了现代人曾经拥有的私人生活权利。基于这一观察,Jeremy Rifkin 在他的著作 *La nouvelle société du coût marginal zéro* 中表明,物联网与资本主义发展之前存在的公共生活并驾齐驱,即"将人类从私人生活的时代进入透明时代"。

在资本主义时代之前,私人生活的权利是不存在的。一切或几乎所有的一切,(睡觉、吃饭、梳妆等)都是在公共场合完成的。资本主义伴随着个人主义的增长、排他性和财产概念的出现而产生:人类生活的限制和私有化与公众生活的限制和私有化齐头并进。因此,私人生活被个人视为一种自然权利,不再是"适应人类旅程中某一特定时刻的社会习俗"。今天,这种"自然"的权利与普适计算和无处不在的互联网发生了碰撞,人与人之间的交流,且交流表现出来的是合作,而不是排斥的愿望。再一次引用 Jeremy Rifkin 的说法,我们正处在"资本主义时代和协作时代之间的中间时期",并且"私生活问题仍将是一个主要关注的问题,这将在很大程度上决定过渡的速度,以及我们将进入下一个历史时期的道路"。

为此,欧盟委员会发布了指导物联网发展的一般原则[DIG 13]。因此,信息安全和保护私人生活必须是物联网服务的基本要求之一。在应用程序的建立过程中,服务提供者必须采取必要手段来保证信息和设备的安全,并保护他们所拥有信息的机密性。

3.4.1.1　应用

在潜在的应用中,医学经常作为一个例子来展示物联网所提供可能性服务的范围。事实上,医学将发生深刻的变化,变得具有预测性和个性化。所谓个性化,就是医生将采取必要的手段,为每个病人进行个性化治疗。由连接对象产生的大量数据,也将变得具有预测性:机器学习算法将实时分析这些健康数据,并将提醒病人和医生有哪些风险和紧急病情。例如,正在进行的生命体征监测使得医生在病人开始出现最初症状之前,通过结合心率、呼吸和温度的曲线,可以识别出"V 型流感",该型流感信号是以温度和心率同时降低为特征的[CLA 16]。

智能住宅已经被宣布为家庭自动化的继承者,但并不是更换它,而是扩展它。它被描述为一个环境,在这个环境中,嵌入在房屋不同家具和物体中的计算机系统可以相互通信。由于优化了能源消耗功能,智能住宅也将更加经济[GUB 13]。

汽车行业也将发生变化。需要司机驾驶的汽车将让位于无人驾驶汽车。由于近 90% 的汽车事故是人为失误造成的,因此,无人驾驶汽车将可能减少事故[1],这主要是因为计算机程序的反应时间非常短。

---

[1]　然而,算法也会产生判断错误。2016 年 2 月 14 日,第一辆谷歌汽车要对一起交通事故负责。资料来源：http://www. sciencesetavenir. fr/hightech/drones/20160311. OBS6232/video-voici-le-film-de-l-accident-provoque-par-la-googlecar.html。

3.4.1.2　工业互联网

工业物联网或工业互联网是物联网的一个子范畴,它代表着当今工业的转型。今天的工业是第三次工业革命的结果,其主要特点是发展以信息和通信技术为基础的工业。同样,由于越来越普遍地使用网络——物理系统和物联网,工业将经历第四次革命(图 3.11)。在某种程度上,我们正在目睹工业的数字化[EVA 12]。

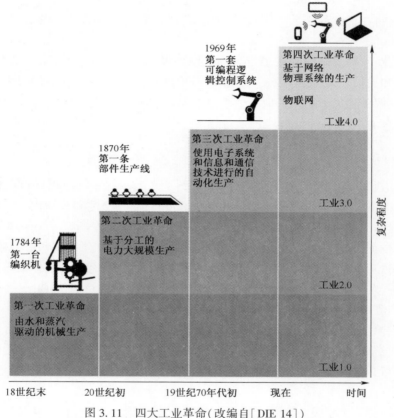

图 3.11　四大工业革命(改编自[DIE 14])

网络物理系统与机器人和传感器网络紧密相连,是计算机系统在网络中的协作,其目的是控制和操纵物理实体。该结构具有与物联网类似的特点,即传感器网络和过程自动化,不同之处在于机器和传感器的连接必须满足关键的制造工艺。在国防或航空航天等工业中,设备导致的错误和碰撞会产生严重的后果,以致危及到人们的生命。对于专门从事体育设备或家庭自动化的行业来说,情况就不太一样了。总之,对计算机系统和通信网络的要求是较高的[MIN 15]。

由于工具和计算机系统间能够持续通信,所以工业互联网具有了显著的优势,例如自我监测或远程控制的能力。工业 4.0 将更加灵活,并将有可能单独满足消费者的需求。此外,由于数据采集所产生的数据以及基础设施的计算机化,制造商可以进行精确的模拟。最后,收集到的数据也可以用来调节和优化能源消耗。

3.4.1.3　管制

各种各样的连接设备和前所未有的服务的发展对监管方面提出了新的问题,这些问题直到现在才被发现。连接对象产生的新情况不受任何监管机构的管辖,甚至不受现行立法的约束。对司法和技术框架的需要更为重要,因为物联网的增长相对较快,据估计,到 2020 年将有数十亿个连接对象[ROS 15]。

围绕 IBM、英特尔、爱立信、三星和微软等大公司成立的几个国际组织,确保了这些监管功能,例如物联网安全基金会(致力于物联网安全方面的非营利组织)[ERI 16]或开放连接基金会(使原产于不同制造商的设备之间具有更好互操作性的支持者)[OPE 16]。和管制互联网的方式一样,多部门和多学科的监管还是必要的,以便在国际水平上规范物联网的发展。

显然,监管必须涉及基础设施、网络架构、连接对象及其互操作性,保护它们免受黑客攻击,特别是对连接对象所收集数据的保护。事实上,对象被设计用来记录围绕它们的所有信息,声音助手为了发挥效能,需要不断地"监听"环境和用户对话。在 2015 年出版的一本书[HOL 15]中作者 Jonathan Holdowsky、Monika Mahto、Michael E. Raynor 和 Mark Cotteleer 界定了与数据有关的 4 项主要原则:

(1)了解和选择。在收集数据时必须通知用户,并且用户能够决定这些数据是否可以被记录。

(2)数据收集的目的和使用限制。公司在收集数据时,必须通知用户,并说明操作的目的,此外,企业承诺仅在用户了解的有限框架内使用数据。

(3)最小化。当公司收集数据时,他们只覆盖服务所需的功能。

(4)责任和安全。数据具有私有性质,属于用户的资产,因此,公司对收集的数据有责,必须利用一切必要手段来保证数据安全(如防止数据被盗)。

面对数据安全和私人生活带来的问题,瑞士苏黎世联邦理工学院正在进行一项名为"Nervousnet"的项目。起初,它是一个简单的研究平台,专门供物联网的科学家进行实验。收集到的匿名数据能够用于分析社会某些方面。今天,神经网是一个开放的"数字神经系统",每个人都可以访问,并且在保护个人私生活的同时,能够详细描述我们某个地方的周围世界[HEL 16]。该项目属于协作管制方式,就像开发在线百科全书——维基百科一样。

3.4.2　威胁

为了避免发生问题,有必要实行管制和创建具体规则,限制一些服务并限制使用连接对象所收集的数据。虽然物联网的应用有助于医药或工业等行业的发展,但是人们还是对"不断联系"的世界形成的潜在危险表示关切。

根据 Luc Ferry 的说法,"解决主义者"的乐观主义推动了合作经济理论的发展,并在很大程度上推动了跨宗教运动,"它有奥威尔式的东西:这是一个具有普遍联系和广泛透明的理想社会,使得好心的极权主义者想控制一切、预测一切。在这个宇宙里,每个人都能了解其他人的一切;在这个开放的世界,我们都会在那里……不断地听,仔细地看,解读;在这个宇宙里,我们所连接的物体,从天平到冰箱,甚至手表,将持续监测我们的饮食,我们每天行走的步数,我们的心跳,我们的胆固醇水平和其他有趣的事情,使我们的生活变得完全规范化。欢迎来到 Gattaca,一个人类进步和普遍可控社会的新时代!"

3.4.2.1　有害用途

由致力于医疗援助、健身或家庭管理的企业创建的连接对象旨在改善个人的日常生活,其思想是,连接对象通过其"智能"功能完成通常需要人工干预的任务。这样,连接对象的所有者就有更多的时间花在他们认为更愉快的事情上(如休闲、工作、家庭生活等)[FLO 15]。

使用连接对象作为助手,专用于那些不重要和被低估的功能时,会使人产生懒于思考的风险。事实上,以能够管理日历和生成报警的智能手机为例,用户不太需要自己思考。另一个例子是,人们有一个能够储存新鲜食品的智能冰箱就不再需要担心食物及思考购物清单了,智能冰箱自己就能购买各类食物。

根据美国研究员 Evgeny Morzov[①] 的说法,使人幼稚化将间接地导致个人和社会中创造力和创新力的减弱。因为连接对象是机器,它们不太可能犯错误,而不断地得到这些机器帮助的个人也不太可能犯错误。错误、误差却是能够推动研究、创新和人类物种发展的因素之一。

---

①　"事实上,我们越来越多的生活正在被一种基于传感器的技术所改变,我们的朋友和熟人现在可以随时随地地跟随着我们,这两项创新将深刻改变社会工程师和立法者以及许多其他人的工作。"(E. Morzov,pour tout résoudre cliquez ici:l´aberration du soltionnisme Technologicalque,FYP Editions,2014 年,第352 页)。

物联网还有一个致力于社会化的领域,它实现了个人和新类型对象之间的交流。事实证明,连接对象也会产生相反的效果,最终会孤立用户,这类似与手机和互联网产生的影响一样,使一个人不再需要离开自己的家。对于物联网来说,这一点可能更为真实,因为连接对象的目标是通过让个人从诸如购物或与朋友交往之类的来回跑路中解脱出来,从而改善他们的日常生活。

总之,这些风险可能导致对连接对象成瘾,就像今天对智能手机成瘾一样,一些人可能不使用他们的连接设备就不能够生存。

3.4.2.2 沉溺于"不断连接"

就像手机已经成为一些人的重要工具一样,连接对象也可能成为瘾源,过度使用连接工具可能会出现心理问题。

对错过某一事物的恐惧(害怕错过)是一种社交焦虑,随着信息和通信技术的发展而发展[PRZ 13]。受这个问题困扰的人总是害怕错过一件重要的事情,因为这件事可能让他们有机会通过社交平台(如 Facebook、推特、图片分享)与他人交互。这种恐惧通常伴随着对互联网和联网工具的依赖。由于害怕漏掉任何信息,局中的人们从不断绝联系。

其他的问题也会出现,例如幻觉振动综合症,这是一种触觉幻觉,会让一些人觉得他们的手机在振动,其实手机没有振动[ROT 10]。这些幻觉的确切原因尚不清楚,它们可能是由于过度使用移动电话而引起的。

对用户来说,对生命的完全量化是一个潜在的风险来源。对运动活动的监测无疑是最能说明问题的例子,人们可以实时和详细地跟踪他们的活动(如步数、心率、血压、速度等),衡量每一项活动的欲望会使人上瘾。

3.4.2.3 数据和设备的安全

虽然连接对象是各个领域进步的同义词,然而某些恐惧会给用户带来压力[FLO 15]。关于尊重私人生活和负责任地使用服务提供者收集的数据的问题经常出现在新闻中。连接对象的侵入性以及不间断地、实时地"探听"周围环境的倾向是影响用户私生活的危险因素。

从物质世界收集数据是物联网的特质,是企业提供服务正常运作的必要条件。此外,如果没有消费者的某些个人信息(如姓名和电子邮件地址),这些服务就无法工作。用户必须同意与企业分享他们的个人数据,但企业仍然是要对这些数据保密的。

除了企业对数据可能存在滥用行为外,数据易受黑客攻击和数据盗窃也是同样值得关注的问题。存储用户个人数据的数据中心可能受到黑客攻击,这些数据可能落入那些图谋不轨的人手中,例如,保险公司可能试图收集(可能是非法的)有关其客户健康的信息。因此,连接对象最初是为了用户的健康和福祉而工作的,最终可能会出现逆转。

　　网络犯罪对物联网来说是一种威胁。由于与互联网相连,黑客可以像计算机一样访问这些对象。联邦调查局发布了一项声明,希望无人驾驶汽车的车主保持警惕,事实证明确有真正的风险存在。若干事件表明,联网装置易受攻击,有时造成严重后果,有可能危及生命。自动驾驶汽车可以被远程入侵和控制,黑客可以在住户不知情的情况下通过监控摄像头控制房子并监视居住者。

3.5　结　　论

　　物联网的开发仍处于起步阶段,但被那些正在构建专有模型的企业割裂开来,从而损害了其他制造商和连接对象之间的互操作性。目前,物联网不像互联网和万维网,它们是建立在 TCP/IP、HTTP 通信标准以及 URI 唯一命名系统等成熟技术的坚实基础之上的,而物联网的参与者目前还没有标准的手段为物联网建立一个真正的生态系统。然而,建立这一新模式的举措和技术是存在的,我们可以区分 5 个关键步骤:对象的唯一标识(如 IPv6、6LoWPAN)、数据获取(如MEMS、NEMS)、连接(如 SIGFOX、LORA)、集成(如蓝牙 LE、ZigBee、NFC、RFID、Wi-Fi)和连接对象网络(如 CoAP、MQTT、REST)与互联网。为应对未来许多挑战,除了需要弥补相关技术外,物联网还提出了道德和法律问题,这一模式的发展与建立法律和技术框架以及独立的国际组织是相辅相成的。就像互联网一样,物联网正准备着深刻地改变我们的大部分社会生活。

参 考 文 献

[ALL 16] ALLSEEN ALLIANCE, available at: https://allseenalliance.org/, 2016.

[ASA 14] ASARE D. A. K., Body Area Network-Standardization, Analysis and Application, Thesis, Savonia University of Applied Sciences, 2014.

[ASS 16] ASSOCIATION PRÉVENTION ROUTIÈRE, "Causes accidents de la route", available at: https://www.preventionroutiere.asso.fr/2016/04/22/statisti-quesdaccidents/, 2016.

[BAN 15] BANKS A., GUPTA R., MQTT Version 3.1.1, OASIS Standard, 2015.

[BLU 15] BLUETOOTH SIG, "Press Releases Details" Bluetooth., available at: https://web.archive.org/web/20150203053330/, http://www.bluetooth.com/Pages/Press-Releases-Detail.aspx? ItemID = 138, 2015.

[BLU 16] BLUETOOTH SIG, Bluetooth Technology Website, available at: https://www.bluetooth.com/, 2016.

［CIS 16］ CISCO，"Internet of Things（IoT）"，Cisco，available at：http：//www. cisco. com/c/en/us/solutions/ Internet-of-things/overview. html，2016.

［CIV 12］ CIVERA D. ，"Le world des MEMS RF-MEMS：le monde microscopique de votre smartphone"，Tom's Hardware，available at：http：//www. tomshard ware. fr/articles/MEMS，2–811–12. html，2012.

［CLA 16］ CLAVERIE H. ，DEVOS N. ，MESSIKA S. ，"IoT et Big Data au service du Machine Learning"，RO-OMn，Monaco，2016.

［CNR 16］ CNRFID，"Introduction à la RFID"，Centre National RFID，available at：http：//www. centrenational-rfid. com/introduction-a-la-rfid-article-15-fr-ruid-17. html，2016.

［COL 11］ COLITTI W. ，STEENHAUT K. ，DE CARO N. ，"Integrating Wireless Sensor Networks with the Web"，Extending the Internet to Low power and Lossy Networks，Chicago，2011.

［CUR 12］ CURRAN K. ，MILLAR A. ，MC GARVEY C. ，"Near Field Communication"，International Journal of Electrical and Computer Engineering（IJECE），vol. 2，no. 3，pp. 371–382，2012.

［DIE 14］ DIE PRESSE，"Industrie 4. 0：Wenn die Revolution nach Österreich kommt"，available at：http：// diepresse. com/home/alpbach/385 8672/Industrie-40_Wenndie-Revolution-nach-Osterreich-kommt，2014.

［DIG 13］ DIGITAL AGENDA FOR EUROPE，IoT Privacy，Data Protection，Information Security，A Europe 2020 Initiative，2013.

［ERI 16］ ERICSON S. ，Home，IoT Security Foundation，available at：https：//iot securityfoundation. org/，2016.

［EVA 12］ EVANS P. C. ，ANNUNZIATA M. ，Industrial Internet：Pushing the Boundaries of Minds and Ma-chines，Report，Imagination at work，2012.

［FER 16］ FERRY L. ，La révolution transhumaniste，Plon，Paris，2016.

［FLO 15］ FLORENT E. ，MANCEAU M. ，RAMAGE M. et al. ，Approche sociologique des connected objects，Master's dissertation，Université Aix Marseille，2015.

［GAI 12］ GAIA ZANCHI M. ，Bluetooth Low Energy，LitePoint，2012.

［GIL 12］ GILMER B. ，"Star Wars Episode 1：The Phantom Menace Electronic CommTech Reade"，available at：https：//www. youtube. com/watch? v=5stDGP0 e05A，January 2012.

［GRA 06］ GRABIANOWSKI E. ，"Is Wibree Going to Rival Bluetooth?"，HowStuffWorks，available at：http：// electronics. howstuffworks. com/wibree. htm，2006.

［GRE 14］ GREEN J. ，"Building the Internet of Things. An IoT Reference Model"，2014 Internet of Things World Forum，Chicago，United States，2014.

［GUB 13］ GUBBI J. ，BUYYA R. ，MARUSIC S. et al. ，"Internet of Things（IoT）：A Vision，Architectural Ele-ments，and Future Directions"，Future Generation Computer Systems，vol. 29，no. 7，pp. 1645–1660，2013.

［GUP 13］ GUPTA P. ，"Evolvement of Mobile Generations：1G to 5G"，International Journal for Technological Research in Engineering，vol. 1，pp. 152–157，2013.

［HEL 16］ HELBING D. ，FuturICT Blog：NERVOUSNET-Towards an Open and participatory，Distributed Big Data Paradigm，FuturICT Blog，available at：http：//futurict. blogspot. com/2016/01/nervousnet-towards-open-and. html，2016.

［HÖL 14］ HÖLLER J. ，From Machine-to-Machine to the Internet of Things：Introduction to a New Age of Intelli-gence，Elsevier Academic Press，Amsterdam，2014.

［HOL 15］ HOLDOWSKY J. ，MAHTO M. ，RAYNOR M. E. et al. ，Inside the Internet of Things（IoT），Deloitte

University Press,Westlake,2015.

[IEE 07] IEEE SPECTRUM, "Oops! How Many IP Addresses?" IEEE Spectrum, available at: http://spectrum. ieee. org/tech-talk/semiconductors/devices/ oops_how_ many_ip_addresses,2007.

[IEE 16a] IEEE STANDARDS ASSOCIATION, "IEEE SA-P2413-Standard for an Architectural Framework for the Internet of Things (IoT)", available at: https://standards. ieee. org/develop/project/2413. html,2016.

[IEE 16b] IEEE P2413 WG, "P2413 Working Group", IEEE P2413 Working Group, available at: http://www. ieee802. org/11/Reports/802. 11_Timelines. htm,2016.

[IEE 16c] IEEE STANDARDS ASSOCIATION, "IEEE-SA-IEEE Get 802 Program-802. 11: Wireless LANs", IEEE Standards Association,available at: http://standards. ieee. org/about/get/802/802. 11. html,2016.

[IEE 16d] IEEE 802. 11 WG, IEEE 802. 11, "The Working Group Setting the Standards for Wireless LANs", IEEE 802. 11 Working Group,available at: http://www. ieee 802. org/11/Reports/802. 11_Timelines. htm, 2016.

[INT 16] INTEL, A Guide to the Internet of Things Infographic, Intel. , available at: http://www. intel. com/content/www/us/en/Internet-of-things/infographics/guideto-iot. html,2016.

[KAR 16] KARLSSON S. , LUGN A. , "The History of Bluetooth-Ericsson History", available at: http://www. ericssonhistory. com/changing-the-world/Anecdotes/The-history-of-Bluetooth-/,2016.

[KWA 10] KWAK K. S. ,ULLAH S. , ULLAH N. , "An Overview of IEEE 802. 15. 6 Standard", International Journal of Engineering Research and Applications,vol. 5,no. 12,pp. 1−6,2010.

[LIO 11] LIOY M. , "Peer-to-Peer Technology: Driving Innovative User Experiences in Mobile", Qualcomm Innovation Center,2011.

[MAI 16] MAIRIE DE PARIS, "Open Data Paris-Liste des sites des hotspots Paris Wi-Fi", available at: http://opendata. paris. fr,2016.

[MIN 15] MINERVA R. , BIRU A. , ROTONDI D. , "Towards a Definition of the Internet of Things (IoT)", IEEE Internet Initiative,2015.

[MOR 14] MOROZOV E. , Pour tout résoudre, cliquez ici: l' aberration du solutionnisme technologique, FYP, Limoges,2014.

[MUL 07] MULLIGAN G. , "The 6LoWPAN architecture", EmNets '07 Proceedings of the 4th Workshop on Embedded Networked Sensors,pp. 78−82,Cork,Ireland,2007.

[OFF 08] OFFICE QUÉBÉCOIS DE LA LANGUE FRANÇAISE, "Identification par radiofréquence-Le grand dictionnaire terminologique", available at: http://granddictionnaire. com/ficheOqlf. aspx? Id _ Fiche = 8362543,2008.

[OPE 16] OPEN CONNECTIVITY FOUNDATION, "Open Connectivity Foundation (COF)", available at: http://openconnectivity. org/,2016.

[PRZ 13] PRZYBYLSKI A. K. ,MURAYAMA K. ,DEHAAN C. R. et al. , "Motivational,Emotional,and Behavioral Correlates of Fear of Missing Out", Computers in Human Behavior, vol. 29, no. 4, pp. 1841 − 1848,2013.

[POO 15] POOLE I. , "LoRa Wireless for M2M & IoT", RadioElectronics. com. , available at: http://www. radio-electronics. com/info/wireless/lora/basics-tutorial. php,2015.

[POS 81] POSTEL J. , Internet Protocol, Request For Comments, DARPA Internet Program,1981.

［POS 16］POSTSCAPES，"Internet of Things Technologies"，Postscapes，available at：http://postscapes. com/
　　　　Internet-of-things-technologies，2016.

［ROT 10］ROTHBERG M. B.，ARORA A.，HERMANN J. et al.，"Phantom Vibration Syndrome Among
　　　　Medical Staff：a Cross Sectional Survey"，BMJ，vol. 341，p. 6914，2010.

［RIF 16］RIFKIN J.，CHEMLA F.，CHEMLA P.，La nouvelle société du coût marginal zéro：l'Internet des ob-
　　　　jets，l'émergence des communaux collaboratifse et l'éclipse du capitalisme，Babel，Paris，2016.

［ROS 15］ROSE K.，ELDRIDGE S.，CHAPIN L.，The Internet of things：An Overview，The Internet Society
　　　　（ISCO），2015.

［SHE 14］SHELBY Z.，HARTKE K.，BORMANN C.，The Constrained Application Protocol（CoAP），Request
　　　　For Comments，Internet Engineering Task Force，2014.

［SIM 12］SIMONDON G.，Du mode d'existence des objets techniques，Editions Aubier，Paris，2012.

［TSC 15］TSCHOFENIG H.，ARKKO J.，THALER D. et al.，Architectural Considerations in Smart Object Net-
　　　　working，Request For Comments，Internet Architecture Board，2015.

［WAT 14］WATRIGANT T.，"Sigfox：comprendre la technologie M2M du fleuron français de l'Internet des ob-
　　　　jets"，Aruco.，available at：https://www. aruco. com/2014/09/sigfox-m2m/，2014.

［WG4 16］WG42，"Survey of Architecture Frameworks"，ISO-Architecture. org.，available at：http://www. iso-
　　　　architecture. org/ieee-1471/afs/frameworks-table. html，2016.

［WIF 14］WI-FI，"15 Years of Wi-Fi | Wi-Fi Alliance"，Wi-Fi.，available at：http://www. wi-fi. org/discover-
　　　　wi-fi/15-years-of-wi-fi，2014.

［ZIG 16］ZIGBEE ALLIANCE，"The ZigBee Alliance. Control Your World"，ZigBee. org.，available at：http://
　　　　www. zigbee. org/，2016.

第4章 迈向物联网-a 的方法：向物联网嵌入智能体

4.1 引　言

随着我们周围连接对象数量的增加,物联网和大数据的概念正在扩展到广泛的应用领域。"物联网"一词已被工业界成功采用,然而,关于环境智能、扩散智能或物体智能等概念的研究许多年来却少有报道。谈到这一术语时,仍有许多障碍需要克服。对物联网所做的许多研究是基于它的结构、对连接对象的控制[KIR 15]、它们的理论、传感器和执行器或者可用资源[MAM 12,DUJ 11]。不同的研究工作[COU 12,SER 93]都表明了多智能体系统的研究与物联网领域之间的相似之处,例如,在交互、通信协议、互操作性和自主行为方面的相似。

我们的主要问题是设想和实验一个嵌入式多智能体平台,以允许不同的连接对象自主交互。我们的方法是基于 spime 概念,这是一个由 Sterling 引入的新词[STE 05],一个 spime 是定位在空间和时间中的对象,与它的历史和它自身携带的数据密切相关,它将数据中的物质和精神之间的差异降到最小。在本章中,我们将物联网的连接对象看作是多智能体系统中的智能体,目的是在物联网领域建立和实现一种多智能体系结构。因此,连接对象就变成了"物联网-智能体",我们称之为物联网-a(IoT-a)。通过这种方式,每个连接对象在概念上将通信协议尽可能紧密地集成到电子元器件上。

我们的研究涉及一种低层次的嵌入式多智能体系结构,称为 Triskell 3S,特指底层通信协议。根据 FIPA-ACL 标准,每个智能体都在平台上注册,从而得到其他智能体的认可。Triskell 3S 是基于 IODA[KUB 11,MAT 13]开发的交互作用的方法。这个模型最初是为模拟领域创建的,在这里适应于物联网-a 的实际物理环境。

在本章中,我们将快速回顾物联网的不同范例以及文献中建立的物联网与多智能体系统之间的联系。然后,通过展示两个领域的不同范式和规范是如何相互满足和共存的,我们提出了嵌入式多智能平台 Triskell 3S,特别是 MQTT 协

本章作者:Valérie Renault,Florent Carlier。

议[LAM 12b]、D-Bus 协议[DBU 16]和 FIPA-ACL 标准。为了在现实世界中实验我们的体系结构,我们通过一组连接的"砖块屏幕"介绍物联网的一个应用,这可以使我们能够建立一个交互式可重构屏幕墙。通过重新讨论 N-Puzzle 算法的生态分布分辨率来说明这一应用,并将其应用于 N-puzzle 视频的解决方案中。

4.2　多智能体模拟、环境智能和物联网

信息系统的日益复杂和新的动态要求依赖于新的模型和自适应计算机架构。多智能体系统(MAS)领域的大量工作已经证明了它们具有主动性、适应性和自组织性的能力,从而使异构、动态和响应性系统能够满足用户不断增长的交互需求[GDR 13,GIE 12,SAB 14]。多智能体系统通常是在移动环境的框架内,在环境智能或物联网环境下进行测试的。目前已经开发了专门用于这些环境的平台,如 Jade[BEL 17]或 SPADE[GRE 06]。

"智能体"主题在人工智能与分布式程序设计两个研究领域发生了变化[CAO 12]。后者的工作目标是允许在网络上分布的不同智能体之间使用协作机制来执行复杂的任务。因此,根据连接对象、异构和在外部环境中分布来进行分析这些将是很有趣的。随着物联网的兴起,信息获取服务和数字服务正在"扩散"到生活中,并变得越来越自然和方便用户[GLE 14]。

研究工作者们在环境智能领域开展了大量工作[COU 08],特别是智能体对"智能"住宅生活区的贡献[ABR 09,CHO 12]。许多工作的目的是根据居住者的习惯[MAM 12]、用户舒适度来优化建筑物中的能耗[CAR 06,MOZ 05],或改善服务与个人安全[BRD 09,SUB 14]。智能电网或智能能源网络,提供了新的基础设施,以根据供给和需求提高网络的反应性和可靠性。Ramclin 的文章[RAM 11]很好地总结了在这种背景下与多智能系统集成的最新进展。在这里,对智能体的兴趣是通过建立配置文件来学习用户习惯的。例如,Mamadi 等[MAM 12]介绍了一个专门用于优化家庭供暖和通风的适应性智能体网络,智能体对环境的把握建立在一组传感器的基础上,这些传感器可以探测到运动、声音、二氧化碳浓度等,这些传感器是专门为这个实验而开发的,它们收集信息,并传给预测智能体进行处理。在相同的背景下,作者使用 SAVES[KWA 12]提供了两种类型智能体的应用程序。房间智能体利用模拟和真实环境中的传感器收集信息,然后,移动终端上的智能体允许用户定义自己的偏好,以便建立行为模型。在执行这些动作时,虽然有电子板的传感器,但不使用它们直接安装智能

体。正如相关文献和最后两篇文献所述,传感器是从智能体中分离出来的。目前,对于智能体嵌入电子板的低层次集成还没有具体的研究。

无论是与 BDI 代理商一起开发,还是与其他主动性更高的代理商合作,在智能家居方面已开发了许多智能体不同的模型和框架。人类活动的预测模型往往是这些环境系统的基础,无论它们是有认知基础的模型[DAV 98,Moz 05,SAB 14],还是用马尔可夫模型进行的实验模型[RAO 04]。这些工作都是基于对未来行动的预测,并以对过去动作结果的识别使用为基础。这个问题在生活空间里是不容易解决的,因为不同的人与系统交互可能给出相反的命令。因此,通过不同的交互设备向家庭用户提供一致的多媒体数据是适当的。上面介绍的有关环境智能的工作,经常使用非常简单的嵌入式电子板来支持一组传感器从环境中获得信息。然而,电子卡只是用来传递信息。例如,JADE 为开发可互操作的多智能体系统提供了便利,它"允许开发人员实现和有效利用多智能系统,包括在资源有限的无线网络或物理设备上运行智能体"[BER 14]。在大多数情况下,在硬件层和多智能体应用程序层之间提供了中间件层。多智能体层次通常基于仿真模型,并不总是考虑底层硬件约束。通常,这些平台基于 Java 语言,这是一个在嵌入式环境中较为一般的编程环境。

为了将智能体算法集成到图形处理单元(GPU)中,特别是在涉及大量个体的视频游戏或仿真领域,已经进行了大量的研究。Da Silva[DAS 10]的工作就是这样,他比较了两种不同 GPU 的实现,以便并行推进 Reynold 的 Boids 算法。基于 GPU 的综合智能体相关结构的生成研究[PAW 14],提出了一种有趣的方法,接近于在 GPU 研究中使用的性能标准。

这里强调了 3 个要点,也是在开发智能体系结构中所必须考虑到的:

(1)尽量减少同步点的数量;

(2)尽量减少内存访问的总次数;

(3)最大限度地增加并行运行的进程数。

当涉及连接对象时,随着图 4.1[ATZ 10]中所示的面向服务体系结构(SOA)原则的采用,中间件体系结构在物联网领域变得越来越重要。在这些体系结构中,中间件基于 5 个层:处于较高的层次是专门处理给定问题的应用层;在较低级别是与环境交互的物理对象层。这两层之间是服务组合层、服务管理层和对象抽象层,允许向终端用户渐进地提供高抽象级别的服务。

多智能平台通常视为 SOA 的应用层。因此,这一层没有嵌入到电子组件中。在大多数研究中,"智能"是在集中式服务器上进行非定位和计算的。环境数据由传感器和执行器获取,没有任何真正的智能和交互。

我们的工作与 Jamont[JAM 10,JAM 14]在 DIAMOND(分散迭代多智能体开

图 4.1　物联网的 SOA 架构

放网络设计）方法上的工作非常接近。他提出了一种专门用于集成 MAS 的嵌入式系统的协同设计方法。因此，DIAMOND 专注于实现一个适合多智能体系统物理需求的嵌入式系统。我们的目标是封装最接近硬件组件的架构智能体。

4.3　Triskell 3S：一种面向智能体的嵌入式交互体系结构

Triskell 3S 是一种基于面向智能体交互方式的嵌入式体系结构，缩写"3S"代表嵌入式系统、多智能体系统和移动系统。这一架构遵循欧洲委员会提出的物联网定义（2008 年）："具有身份和虚拟人格的对象在智能空间中运行，使用智能接口在社会、自然环境和用户环境中连接与通信。"

图 4.2 所示为 Triskell 3S 平台的嵌入式多智能体体系结构。该平台基于 FIPA（智能物理智能体基金会）标准，为保证整个多智能体系统的管理控制，提供了智能体实现的方法（智能体通信频道的 ACC、智能体管理系统的 AMS 和服务手册的 DF）。对于智能体之间的消息传递，我们使用 ACL（智能体通信语言）标准，此标准提供了封装消息的规则。MTPS（消息传输协议服务）能够隔离数据传输的其他物理手段（如 HTTP、D-Bus、MQTT 等）。

该平台基于智能体间交互和智能体内部交互两个层次。第一层实现 MQTT 协议，作为平台的核心［LAM 12］，同时仍然满足 FIPA-ACL 通信规范［CON 03］，该规范允许物联网－a 进行交互。MQTT 协议基于发送/订阅机制，客户端通过被称为 BROKER 的 MQTT 平台订阅主题内容，BROKER 和 MQTT 有一些特别适合物联网的简单言语行为。在第二层，智能体内部进程间通信基于 D-Bus 协议（使用套接字的信息系统）［PAT 04］，该协议允许我们从软件层转移到硬件

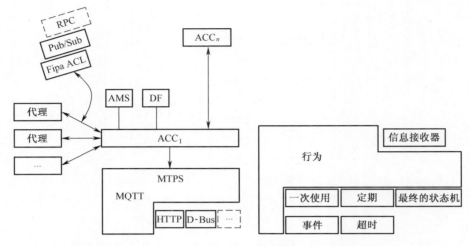

图 4.2　Triskell 3S 平台的嵌入式多智能体体系结构

层。每个智能体都是自治的,并通过使用总线体制实现其功能,使我们可以将行为与总线关联起来,并使其特性个性化,达到全面解决问题的目的。在我们的 Triskell 3S 平台上,可以找到 Pawlowski 文章(前面所提到的)[PAW 14]中所强调的 3 个要点。

4.4　面向智能体的交互形式与连接对象的转换

为了以现实世界为背景说明我们的体系结构,我们定义了一组异构的连接对象,这些对象可以组成一个同步和交互的屏幕墙。目标是展示面向智能体的方法是如何交互的,并借助在每个物体自身电子板中的显示,可以建立一个连贯的显示系统。

如果只看这方面应用,我们可知,对屏幕墙(或图像墙)在很多环境下(电视、闭路电视等)的研究已经有很多年了[BEA 12,NAN 15,PIE 11],包括弯曲屏或触摸屏。自 21 世纪初以来,许多支持大型可视化的集成解决方案就已经存在。

总的来说,有 3 种类型的架构:

(1) 用一台计算机(一个监测系统)操作,多个屏幕连接到同一个办公室。

(2) 每个屏幕都连接到一个特定的监控系统,如连到摄像机上(监测和预防冲突),以便在多台监视器上显示不同的内容。

(3) 同一视频显示在一组屏幕上,这通常需要预处理,以便根据当前屏幕的数量调整要在每个屏幕上显示的图像的某一部分。

我们的图像墙支持测试物联网-a 的体系结构，并可以展示其通信协议的有效性。事实上，在图像墙的背景下，不同屏幕的同步是一个真正的挑战，尤其是对那种由一些自主的"砖块"构成的屏幕。如果我们想让系统实时响应，每个屏幕必须能够通知显示区域中的特定对象，因此，一个屏幕必须与其他显示模块进行通信和交互。图 4.3 所示为物联网-a 应用 Triskell 3s 组合形成屏幕墙。为此，每个屏幕与一个嵌入式电子板配对，以形成一个可编程的可视化"砖块"。我们的实验选择将每个屏幕与一个 Raspberry Pi［UPT 12］嵌入式板配对。这些板的优点是轻（信用卡的大小），并包括一个强大的图形处理器，以确保视频顺畅。一个自动"砖块"对应于一个物联网-a，每个物联网-a 之间的相互作用提供了不同的显示类型，不同的视频可以在每个屏幕上独立显示，一个同步视频可以定位在整个墙壁的图像上，还可以在预定义的 M 个屏幕上同步显示 N 个视频。

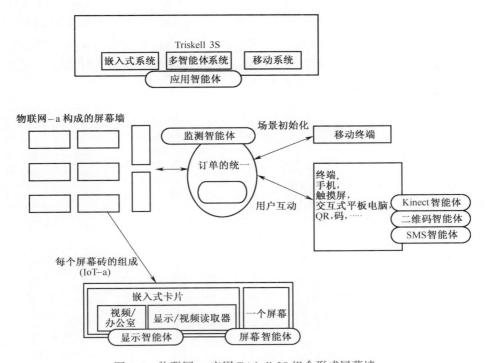

图 4.3　物联网-a 应用 Triskell 3S 组合形成屏幕墙

Raspberry Pi 板已经用来建造图像墙，如在 PiWall 项目［GOO 15］作品中就是如此。这些工作基于主/从结构，该体系结构由每个屏幕上的一个卡和一个辅助主卡组成,它们使整个系统的控制和同步成为可能。在 Triskell 3S 中,后一张主卡不用了,所有的"砖块"在结构和角色上是相同的,在对环境的认识方面也是一样的。一组物联网-a 的一致性取决于通信协议和它们之间的交互。

在智能体领域,Rihawi[RIH 13]在对多智能体模拟的宏观层面上,对不同种类同步策略的影响进行了研究,包括强同步、时间窗口同步和不同步的情况。这些工作已经在多智能体模拟中进行了测试。就屏幕墙而言,目标是将智能体模型嵌入到实际环境中,这就为系统的同步、性能、对象间通信安全性和稳定性增加了新的约束。优化图像墙壁中的交互性为支持协作应用程序带来了的不可避免的挑战[CHA 14]。在实验中,为了应用异构系统,引入了特定的物联网-a,以便在视频上进行交互,就像 Kinect 智能体、二维码智能体和 SMS 智能体一样。

顾名思义,这 3 个智能体连接到特定的硬件组件,允许用户向屏幕墙上发送命令。例如,SMSAgent 发送的命令 STOP,可以即刻停止所有视频,如果这个命令只发送到特定的物联网-a,那么仅有几个视频会被停播。MOVE 命令可以将视频从一个屏幕移动到另一个屏幕。还指定了其他类别的命令,如 PAUSE(暂停)、MUTE_VIDEO(静音_视频)等。因此,该体系结构允许我们安装一组专门用于视频控制和交互的特定组件。然而,在用户端与显示数据进行交互的方法仍有待开发,这些数据的显示依赖于上下文的使用。

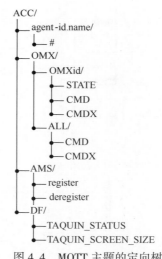

图 4.4　MQTT 主题的定向树

MQTT 主题的定向树(图 4.4)显示了 Triskell 3S 平台中使用的主题层次结构。我们定义了 ACC 主题,表示通信通道智能体。所有智能体都会被识别,并在此通道中监测着它们的标识符,以便能够一起交互(ACC/agent-id.name/)。我们找到了与 AMS 和 DF 进行交流的通道,这些通道用于注册智能体及其服务。在 N-puzzle 实验中,一个名为 OMX 的智能体组织将管理屏幕的所有智能体集合在一起,这些智能体对主题 ALL 作出反应,以顺应整体性命令或寻其唯一标识符 OMXid。已经定义的 CMD 和 CMDX 命令用于与智能体屏幕交互。主题 CMDX 对应于文本命令,如 Wall_Active 或 MUTE_VIDEO。CMD 是等价的,使用命令标识符是 Wall_ACTIVE:15 和 MUTE_VIDEO:39,因此,我们有可能使用这个命令(CMD)来调整我们的本体。

4.5　格　式　化

将生态分辨率 N-puzzle 技术[DRO 93]应用于图像墙，并在多智能体系统领域中的典型模型上测试了我们的架构。传统上，N-puzzle 问题是基于一个包含 N 个板块的正方形板和一个称为空白位置的空位置，目标是将排列在随机位置上的板块移动到最终的布局上，能够重建一个连贯的全局图像。这个问题已经在板块智能体的大量工作中实现了格式化，每个智能体都有一个状态、一个目标、一个满意的行为、一段与其他智能体的经历。

在实验中，为了说明物联网–a 墙上的 Triskell 3S 平台，N-puzzle 问题变成 N-puzzle视频的分布式分辨率问题，目标是重建最终的同步视频。本章的目的不是提出一个新的 N-puzzle 格式，而是用一个已知的分散问题来对我们的嵌入式智能体体系结构进行实验，以此来测试我们通信协议的有效性。要做到这一点，首先要展示的是 N-puzzle 格式是如何以更普遍的方式适应物联网–a 的。

在 N-puzzle 的分布式方法[DRO 93]中，整个 G_{puzzle} 目标被分解为 n 个符合要求的较小的独立目标，以便满足 G_{puzzle} 的需求。表示每个板块在其最终位置的子目标定义为

$$G_{puzzle} = \{position(\tau_1, p_1), \cdots, position(\tau_n, p_n)\} \tag{4.1}$$

式中：n 为板块的数量；τ_i 为板块；p_i 为要达到的最终状态（目标状态）。

在此例中，板块代表视频和显示状态的一部分，对应于定位在墙上的物理屏幕，还需要考虑控制屏幕上视频的显示软件。因此，该装置的定义为

$$G_{puzzle} = \{position(v_1, s_1, d_1), \cdots, position(v_i, s_n, d_j)\} \tag{4.2}$$

式中：v_i, s_n, d_j 分别为每个板块上的视频、物理屏幕和显示器（播放视频的软件）。下标索引 i、n、j 允许在同一个屏幕上有不同的显示，从而有不同的视频。如果使用一个大于可用屏幕数量的面板，则屏幕可以同时支持多块板块。

在嵌入式系统的环境中，物理屏幕和显示节目的显示器之间的区别是非常重要的，在我们的体系结构中也是如此，它直接影响到智能体之间信息的管理。如果把这种形式看作是物联网框架定义的一个更普遍的背景，视频就是智能体使用的"数据"，屏幕是支持智能体的硬件组件，显示器则把数据与硬件组件连接在一起。因此，可以从以下几个方面描述物联网的子目标：

$$G_{env} = \{handler(d_1, h_1, c_1), \cdots, handler(d_i, h_n, c_j)\} \tag{4.3}$$

式中：d_i, h_n, c_j 分别为要处理的数据、硬件组件和通信软件层。

在这里，下标索引也可能是不同的，因此，数据量（在某一精确时刻读取的视频）与硬件组件的数量无关。

通过考虑智能体的状态、状态 a_i 及其行为 $state(a_i)$，可以从另一个角度，即

从智能体的角度来观察 N-puzzle。行为表示为了从当前状态达到目标而要执行的所有操作,因此,[DRO 93]将当前状态定义为

$$\forall g_i \, \forall a_i / \text{goal}(a_i) = g_i, \text{satisfied}(g_i) \Leftrightarrow \text{state}(a_i) = \text{goal}(a_i) \quad (4.4)$$

下一步,[DRO 93]将这个定义应用到 N-puzzle,这意味着可以将 τ_i 定义为

$$\tau_i = \{ p_i, p_k, \text{behavior}(\tau_i) \} \quad (4.5)$$

$$\text{satisfied}(\text{position}(\tau_i, p_i)) \Leftrightarrow p_k = p_i \quad (4.6)$$

式中: p_i 为板块 τ_i 的最终目标位置; p_k 为当前的位置; behavior (τ_i) 为一组要执行的操作,目的是将板块从其当前位置移动到其最终位置。

采用式(4.5)和式(4.6),作者展示了如何满足一个子目标的需求,这个子目标的实现取决于智能体板块"做正确的事情"以达到目标的能力,并以这种方式描述了以问题为导向的智能体。

然而,在物联网的背景下,式(4.3)显示了智能体之间沟通和交互的重要性。这使我们能够从面向智能体的方法描述转向面向交互的方法,就像在 IODA 方法中定义一样(面向交互的智能体模拟设计)[NOB 08]。他们的想法是,物体本身就有他们使用的知识。IODA 方法包括将它们参与的动作分离,以便将它们具体化为交互的概念。作者提出了定义源智能体和目标智能体之间的交互矩阵,矩阵的每个单元格对应于源智能体可以在一组目标智能体上所执行的操作。因此,在嵌入式系统中,我们建议通过开发两个层次的交互来调节这个模型,最初专门用于仿真。第一层定义了基于 MQTT 通信协议的智能体间交互,然后我们定义了智能体内部交互层,允许硬件层和软件层之间的通信,智能体自身内的过程通信基于 D-Bus 协议。这些不同的通信层仍然与图 4.1 中定义的 SOA 的组织级别兼容。

4.6 实验和前景

图 4.5 所示为 IODA 交互矩阵的适配性,该矩阵被物联网-a 应用于 N-puzzle 的分布式解算,并由一图像墙加以说明。这个适应性的定义如下:

$$+ (\text{interaction}, \text{range}, \text{priority}) \quad (4.7)$$

$$+ (\text{interaction}) \quad (4.8)$$

在两个智能体之间相互作用的定义中,IODA 模型定义了它们作用的范围和优先等级(式(4.7))。这两个条件在模拟社会行为的框架内或在相互作用的物理框架内是相关的。优先权的概念在并行行动的框架内是有用的,该并行行动需要起点或选定硬件。在剩下的时间里,交互本身遵循一个逻辑解决顺序。就 N-puzzle 的解决方法而言,我们简化了对交互的叙述,简述了相互作用的过程。

为了验证 Triskell 3S 体系结构和通信协议,也就是 N-puzzle 分布式解析的

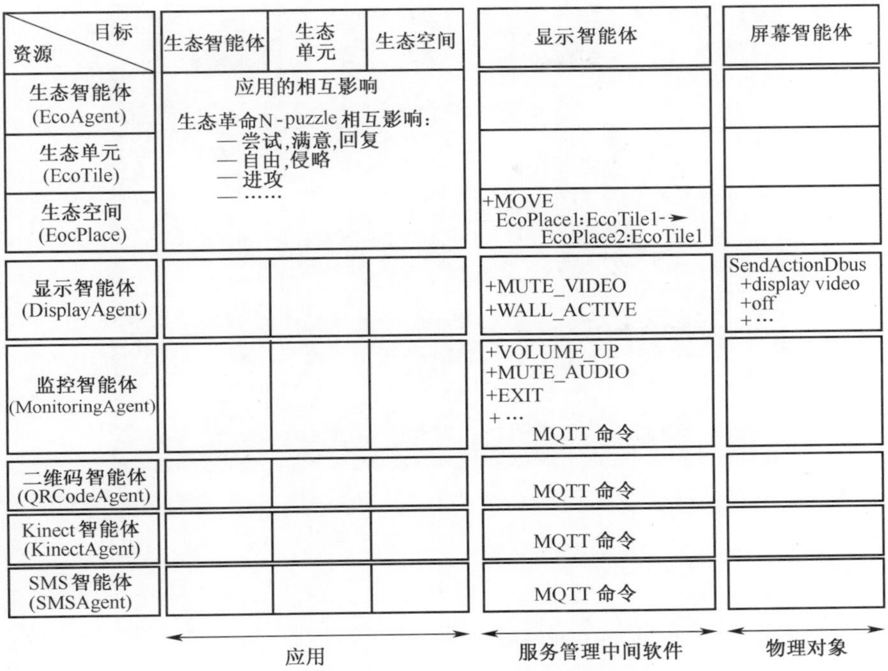

资源 ＼ 目标	生态智能体	生态单元	生态空间	显示智能体	屏幕智能体
生态智能体 (EcoAgent)	应用的相互影响 生态革命N-puzzle 相互影响: ——尝试,满意,回复 ——自由,侵略 ——进攻 ——……				
生态单元 (EcoTile)					
生态空间 (EocPlace)				+MOVE 　EcoPlace1:EcoTile1-→ 　　　EcoPlace2:EcoTile1	
显示智能体 (DisplayAgent)				+MUTE_VIDEO +WALL_ACTIVE	SendActionDbus +display video +off +…
监控智能体 (MonitoringAgent)				+VOLUME_UP +MUTE_AUDIO +EXIT +… 　　　MQTT 命令	
二维码智能体 (QRCodeAgent)				MQTT 命令	
Kinect 智能体 (KinectAgent)				MQTT 命令	
SMS 智能体 (SMSAgent)				MQTT 命令	
	←———— 应用 ————→			←— 服务管理中间软件 —→	←物理对象→

图 4.5　IODA 在物联网-a 环境中相互作用的矩阵构成
屏幕墙,一个 N-puzzle 问题的分布式解法实例

可靠性,在多种尺寸的显示板上实现了视频播放。第一个显示板基于四行四列(16 板块)的配置(图 4.6),第二个实验有三行三列(9 个屏幕)的显示板(图 4.7)。

图 4.6　智能体化屏幕墙上 N-puzzle 的分布式解析,视频的每一部分代表由一块显示板携带的一组数据,其目的是通过正确的顺序显示来重建整个视频

N-puzzle 解析中每个板块的平均移动次数,与在文献[DRO 93]中所能找到的数量相当。生态解析算法没有改进,它的价值在这里不详叙,因为它们与我们的议题无关。在每个实验中,通过验证视频的同步性来验证我们结果的相关性,以便在解析过程和解析完成时形成整体一致的图像。

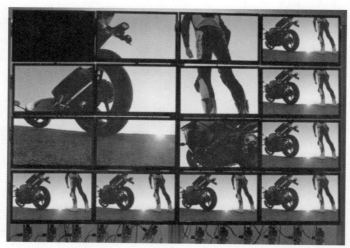

图 4.7　3×3 物联网-a 屏幕上 N-puzzle 的分布式解决方案,每个屏幕都在操控视频,
右侧和下方侧外围屏幕显示参考视频

　　我们研究的主要贡献在于适应和实现了面向智能体方法的交互,是在真实世界环境中实现的,而且是在屏幕墙上实现的。我们将展示如何通过物联网-a(物联网-智能体)在连接对象的环境中对这些方法进行格式化和扩展。MQTT和 D-Bus 通信协议允许我们在对较低层次的对象中实现智能体的功能,并尽可能接近电子元器件。下一步将在与屏幕墙的用户进行更重要的交互过程中,对智能体的反应性进行实验。这一步骤必须通过提供新的物联网-a 交互技术(一种对 Kinect 智能体和 SMS 智能体的补充),才有可能开发出与屏幕墙交互的新手段,以及屏幕墙使用的新方法。这一步骤还应通过预定义协议 MQTT 和 D-Bus 对要显示的信息数据进行类比和优化实验。

参 考 文 献

[ABR 09] ABRAS S. , Système domotique multi-agents pour la gestion de l'énergie dans l'habitat, Thesis, Institut polytechnique de Grenoble, 2009.

[ATZ 10] ATZORI L. , IERA A. , MORABITO G. , "The Internet of Things: a Survey", Computer Networks, vol. 54, no. 15, pp. 2787-2805, 2010.

[BEA 12] BEAUDOUIN-LAFON M. , HUOT S. , NANCEL M. et al. , "Multisurface Interaction in the WILD Room", Computer, vol. 45, no. 4, pp. 48-56, April 2012.

[BEL 07] BELLIFEMINE F. L. , CAIRE G. , GREEWOOD D. , Developing Multi-Agent Systems with JADE, John Wiley & Sons, Oxford, 2007.

[BER 14] BERGENTI F. , CAIRE G. , GOTTA D. , "Agents on the Move: JADE for Android Devices", Proceedings of the XV Workshop Dagli Oggetti agli Agenti (WOA 201), vol. 1260 of CEUR-Ws, 2014.

[BRD 09] BRDICZKA O. , CROWLER J. , REIGNIER P. , "Learning Situation Models in a Smart Home", IEEE Transactions on System, Man and Cybernetics, vol. 39, no. 1, pp. 56-63, 2009.

[CAO 12] CAO J. , DAS S. K. , Mobile Agents in Networking and Distributed Computing, John Wiley & Sons, New York, 2012.

[CAR 06] CARLIER F. , BARON M. , "Physical object integration and Learning platform in Home Automation", Proceedings of the International Conference on Mobile Learning (IADIS), pp. 147 – 154, Dublin, 2006.

[CHA 14] CHAPUIS O. , BEZERIANOS A. , FRANTZESKAKIS S. , "Smarties: An Input System for Wall Display Development", Proceedings of the 32nd International Conference on Human Factors in Computing Systems, pp. 2763-2772, 2014.

[CHO 12] CHONG N. -Y. , MASTROGIOVANNI F. , Handbook of Research on Ambient Intelligence and Smart Environments: Trends and Perspectives, IGI Global, Hershey, 2012.

[CON 03] FIPA CONSORTIUM, FIPA Communicative Act Library, Specification and FIPA ACL Message Structure Specification, Technical report, 2003.

[COU 08] COUTAZ J. , CROWLEY J. L. , Plan: intelligence ambiante-défis et opportunité, DGRI A3 report, 2008.

[COU 12] COUTAZ J. , CALVARY G. , DEMEURE A. et al. , "Systèmes interactifs adaptation centrée utilisateur: la plasticité des Interfaces Homme-Machine", in G. CALGARY et al. (eds), Informatique et intelligence ambiante, Hermes-Lavoisier, Paris, 2012.

[DAS 10] DA SILVA A. R. , LAGES W. S. , CHAIMOWICZ L. , "Boids That See: Using Self-Occlusion for Simulating Large Groups on GPUs", Computers in Entertainment, vol. 7, no. 4, pp. 51:1-51:20, January 2010.

[DAV 98] DAVISON B. D. , HIRSH H. , Predicting Sequences of User Actions, AAAI Press, Palo Alto, 1998.

[DBU 16] The DBus home page: https://www. freedesktop. org/wiki/software/dbus, 2016.

[DRO 93] DROGOUL A. , DUBREUIL C. , "A Distributed Approach to N-Puzzle Solving", Proceedings of the 12th Distributed Artificial Intelligence Workshop, 1993.

[DUJ 11] DUJARDIN T. , ROUILLARD J. , ROUTIER J. -C. et al. , "Gestion intelligente d'un context domotique par un SMA", Journée Francophone des Systèmes Multi-Agents (JFSMA), pp. 137-146, 2011.

[GDR 13] GDRI3, GDRI3 Information, Interaction, Intelligence-Thème Systèmes multi-agents, available at: icube-web. unistra. tr/gdri3/index. php/Thème_2_:_Systèmes_multi-agents, 2013.

[GIL 10] GIL-QUIJANO J. C. H. , SABOURET N. , "Prédiction de l'activité humaine afin de réduire la consommation électrique de l'habitat", 18ème Journée Francophone des Systèmes Multi-Agents (JFSMA), 2010.

[GLE 14] GLEIZES M. , Internet des Objets, Systèmes Ambians, Report, Soirée Technologie Industrielle, Internet des Objets-Applications et Enjeux, IRIT, 2014.

[GOO 15] GOODYEAR A. , HOGBEN C. , STEPHEN A. , An Innovative Video Wall System, available at: http://www. piwall. co. uk, 2015.

[GRE 06] GREGORI M. E. , CÁMARA J. P. , BADA G. A. , "A Jabber-based Multi-agent System Platform",

Proceedings of the Fifth International Joint Conference on Autonomous Agents and Multiagent Systems, pp. 1282-1284, New York, 2006.

[GUE 12] GUESSOUM Z. , MANDIAU R. , MATHIEU P. et al. , "Systèmes multi-agents et Simulation", in SEDES F. , OGIER J. -M. , MARQUIS P. (eds), Information, Interaction, Intelligence: le point sur le i [3], Cépaduès, Toulouse, 2012.

[JAM 14] JAMONT J. -P. , MÉDINI L. , MRISSA M. , "A Web-Based Agent-Oriented Approach to Address Heterogeneity in Cooperative Embedded Systems", 12th International Conference on Practical Applications of Agents and Multi-Agent Systems (PAAMS 2014) Special Sessions, Salamanca, 2014.

[JAM 10] JAMONT J. -P. , OCCELLO M. , "Using Hardware/Software Simulation to Design and to Deploy Real World Cooperative Systems", 22th IEEE International Conference on Tools with Artificial Intelligence, Arras, 2010.

[KIR 15] KIRCHBUCHNER F. , GROSSE-PUPPENDAHL T. , HASTALL M. R. et al. , "Ambient Intelligence from Senior Citizens' Perspectives: Understanding Privacy Concerns, Technology Acceptance, and Expectations", Proceedings of the 12th European Conference on Ambient Intelligence, Athens, November 11 - 13, 2015.

[KUB 08] KUBERA Y. , MATHIEU P. , PICAULT S. , "Interaction-Oriented Agent Simulations: From Theory to Implementation", Proceedings of the 18th European Conference on Artificial Intelligence (ECAI' 08), pp. 383-387, Patras, July 2008.

[KUB 11] KUBERA Y. , MATHIEU P. , PICAULT S. , "IODA: an Interaction-oriented Approach for Multi-agent based Simulations", Journal of Autonomous Agents and Multi-Agent Systems, vol. 23, no. 3, pp. 303-343, 2011.

[KWA 12] KWAK J. -Y. , VARAKANTHAM P. , MAHESWARAN R. et al. , "SAVES: A Sustainable Multiagent Application to Conserve Building Energy Considering Occupants", Proceedings of the 11th International Conference on Autonomous Agents and Multiagent Systems, Valencia, June 4-8, 2012.

[LAM 12] LAMPKIN V. , LEONG W. T. , OLIVERA L. et al. , Building Smarter Planet Solutions with MQTT and IBM WebSphere MQ Telemetry, Vervante, Springville, 2012.

[MAM 12] MAMIDI S. , CHANG Y. -H. , MAHESWARAN R. , "Improving Building Energy Efficiency with a Network of Sensing, Learning and Prediction Agents", Proceedings of the 11th International Conference on Autonomous Agents and Multiagent Systems, Valencia, June 4-8, 2012.

[MAT 13] MATHIEU P. , PICAULT S. , "The Galaxian Project: A 3D Interaction-Based Animation Engine", Proceedings of Advances on Practical Applications of Agents and Multi-Agents Systems (PAAMS' 2013), Salamanca, May 22-24, 2013.

[MOZ 05] MOZER M. C. , "Lessons from an Adaptive Home", in COOK D. , DAS R. (eds), Smart Environments: Technologies, Protocols, and Applications, pp. 273-294, John Wiley & Sons, New York, 2005.

[NAN 15] NANCEL M. , PIETRIGA E. , CHAPUIS O. et al, "Mid-Air Pointing on Ultra-Walls", ACM Transactions on Computer-Human Interactions, vol. 22, no. 5, pp. 21:1-21:62, August 2015.

[NOR 88] NORMAN D. A. , The Psychology of Everyday Things, Basic Books, New York, 1988. [PAT 04] PATON C. , Development of a Message Oriented Interaction Layer for Agent Communication, Computer Science Technical Reports, University of Bath, 2004.

[PAW 14] PAWLOWSKI K. , KURACH K. , SVENSSON K. et al. , "Coalition Structure Generation with the

Graphics Processing Unit", Proceedings of the 2014 International Conference on Autonomous Agents and Multi-Agent Systems (AAMAS'14), Paris, May 5-9, 2014.

[PIE 11] PIETRIGA E., HUOT S., NANCEL M. et al., "Rapid Development of User Interfaces on Cluster-driven Wall Displays with jBricks", Proceedings of the 3rd ACM SIGCHI Symposium on Engineering Interactive Computing System (EICS'11), New York, 2011.

[RAM 11] RAMCHURN S., VYTELINGUM P., ROGERS A. et al., "Agent-based Homeostatic Control for Green Energy in the Smart Grid", ACM Transactions on Intelligent Systems and Technology, vol. 2, no. 4, p. 35:1-35:28, 2011.

[RAO 04] RAO S. P., COOK D. J., "Predicting Inhabitant Action Using Action and Task models with Application to Smart Homes", International Journal on Artificial Intelligence Tools, vol. 13, pp. 81-100, 2004.

[RIH 13] RIHAWI O., SECQ Y., MATHIEU P., "Impact des politiques de synchronization dans les simulations réparties d'agents situés", 2lème Journée Francophone des Systèmes Multi-Agents (JFSMA), Lille, 2013.

[SAB 14] SABOURET N., JONES H., OCHS M. et al., "Expressing Social Attitudes in Virtual Agents for Social Training Games", Proceedings of the Second International Workshop on Intelligent Digital Games for Empowerment and Inclusion at IUI 2014 (IDGEI 2014), Haifa, 2014.

[SER 93] SERVAT D., DROGOUL A., "Combining Amorphous Computing and Reactive Agent-based Systems", Proceedings of the 12th Distributed Artificial Intelligence Workshop, Seattle, 1993.

[STE 05] STERLING B., Shaping Things, MIT Press, Cambridge, 2005.

[SUB 14] SUBAGDJA B., TAN A.-H., "On Coordinating Pervasive Persuasive Agents", Proceedings of the 2014 International Conference on Autonomous Agents and Multi-agent Systems (AAMAS '14), pp. 1467-1468, Paris, May 5-9, 2014.

[UPT 12] UPTON E., HALFACREE G., Raspberry Pi, User Guide, John Wiley & Sons, New York, 2012.

第5章 物联网信息可视化

5.1 引   言

目前,很多东西都是用智能创造出来的,例如一栋配备了电力控制传感器的建筑、网络用水管理、利用移动网络和全球定位系统的自动化出租车服务,在这里,应用程序的应用促进了互联世界的开发。移动设备连接了越来越多的人、对象和服务,互联网改变了人们的日常生活,如图5.1所示。

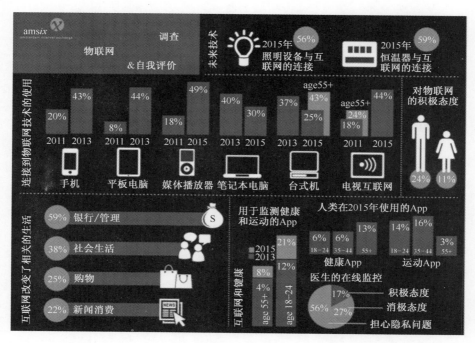

图5.1 互联网改变了人们的日常生活(资料来源:https://www.ams-ix.net/newsitems/87)

本章作者:Adilson Luiz Pinto, Audilio Gonzales-Aguilar, Moisés Lima Dutra, Alexandre Ribas Semeler, Marta Denisczwicz, Carole Closel。

这一调查研究突出了智能对象和智能设备的概念,它们是通过不同类型的网络和协议(蓝牙、3G、4G、Wi-Fi)相互连接的数字电子设备,这些促使了一连串的智能对象(智能手机、智能汽车、智能家居、智能城市和智能世界)的产生。

Stankovic[STA 14]认为,智能设备的下列 5 个创新是引人注目的:物联网(IoT)、移动计算(MC)、普适计算(PC)、无线传感器网络(WSN)和网络物理系统(CPS)。对 IoT、PC、MC、WSN 和 CPS 的研究主要集中在实时计算、机器学习、保密、安全、信号处理和大数据等技术上。同时,智能视觉涉及不同的科学领域,以及互联智能对象(与互联网相连)的创建、管理和使用。

Kopetz[KOP 11]认为:"将物理对象连接到互联网上,允许远程访问若干数据,这些数据由远程监控物理世界的传感器获取的。不同网络源获取数据组成的新的混合数据将产生新的服务,这些服务超出了孤立系统提供的服务。物联网就基于这一愿景"。

这一概念的最后一部分是对连接对象的概述,它同时为观察世界上那些不为人、机器和物理对象所能看到的部分提供了望远镜和显微镜[GRE 15]。物联网通过在物体、人、动物、车辆、气流、病毒等之间的运动中寻找内涵,创建了一个互连世界在实用中和概念上的框架。

在这方面,Chung 提出了从物联网到机制的综合服务系统和解决方案[CHU 15]。其中,提供通信服务的网络运营商、用于传输数据的基础设施和软件的生产,以及用于制造 GPS 芯片、Wi-Fi、传感器和便携式仪器的设备,还有作为用于数据储存的集成材料器件,都包括在物联网的概念之中。

AMS-IX 的首席执行官 Job Witteman 说:"通过大量设备的连接,实现了设备间、人类、互联网的交流,物联网也由此而形成。目前还仍然存在一定的疑问,事实上,互联网在人们的生活中占有中心地位,这种发展是不会停止的,互联网简化并改善了许多日常活动。"

AMS-IX 采访了 1100 名消费者,目的是为世界各地的消费者勾勒未来物联网走进日常生活时的完整轮廓。

当人们被问及他们拥有设备的数量时,显然智能手机、平板电脑和连接互联网的电视的拥有数量正在增加。两年前,20%的受访者使用过智能手机,如今,43%的受访者拥有智能手机,44%的人拥有平板电脑。此外,先前被调查的人中有 18%的人有一台与互联网连接的电视,而现在的比率为 38%。

这显示,在未来两年,电视、恒温器、照明设备和多媒体阅读器的连通性预计会有所增长。在两年内,连接设备的百分比将按下列方式变化:44%的电视将被连接;连接的恒温器将从 24%增加到 59%;照明设备从 24%增加到 56%;多媒体阅读器将从 32%增加到 49%。

使用最少的设备是办公计算机(37%~25%)和便携式计算机(40%~30%)。通过对不同年龄组的调察,可以很快看出55岁以上的人群在使用具有互联网连接的电视机方面处于领先地位。

互联网继续在人们的日常生活中发挥着至关重要的作用,它从根本上改变了人们的日常活动。受访者表示,互联网已经改变了他们生活管理和银行业务的方式(59%),允许他们保持社交联系(38%)、购物(25%)和跟踪新闻(22%)。互联网对女性社会交往的影响比男性更为显著(女性和男性分别为23%、16%),而男性则以与女性不同的方式听音乐和跟踪信息。

我们的工作旨在证明可视化是连接对象界面的基础,它在物联网视觉分析中起着至关重要的作用。

5.2 物 联 网

物联网是当前互联网的延伸,在物联网中,许多物体、传感器和网络设备(称为"对象")相互连接和集成在一起。这个集成的对象组可以被认为是一个具有集体行动和工作能力的整体。

物联网的目的是在任何地方、在任何时候连接人和物体[PER 15]。这种连接允许人们与他们的对象进行交互,并使这些对象能够相互交互。麦肯锡(McKinsey)全球研究所[MCK 15]指出,这些交互允许创建一种系统,这种系统监视着连接对象和机器的状态与操作。此外,他们还可以监视物质世界、人和动物。物联网是一种行动方案,在这种方案中,物体、动物或人都配备了唯一的标识符,可以在不需要人工干预的情况下通过网络自动传输数据[ATZ 10]。

面向视觉的连接对象视图、互联网和语义如图5.2所示。

Singh、Tripathi和Jara[SIN 14]指出,物联网代表了互联网与射频识别(RFID)技术、传感器和智能物体的融合。RFID是一种通过使用芯片进行设备之间数据无线传输的通信技术。有了这种自动操作,任何设备都可以使用RFID标签识别。

物联网可以说是一场新的互联网变革。Vermesan和Friess[VER 15]认为,物联网是允许通过使用互联网作为通信和交换信息的手段,将物理世界融入虚拟世界,因此物联网的主要目标是使物理世界更接近数字世界。连接到网络的众多设备将产生大量在物理世界中收集的数据[ANA 13]。Wang等[WAN 13]指出,必须对这些所收集的原始数据进行有效的处理,即必须对数据进行分析,以便能够提取对人们有价值或有代表性的信息。这些设备网络的融合将产生大

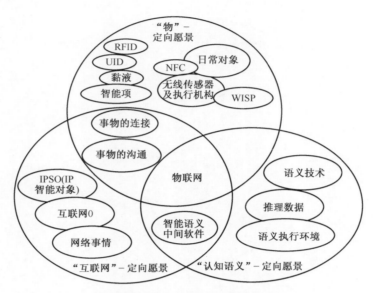

图 5.2　面向视觉的连接对象视图、互联网和语义[ATZ 10]

量的原始数据,这些数据必须经过人类或机器的处理加工,这样才能提取有用和实用的信息。这种发展有可能改变人们看待"对象"和互联网本身的方式。

　　物联网可应用于不同领域,有可能产生大量的商机,可以促进某些公共领域方面服务的发展。可以想象,物联网会对人们的日常生活产生重大影响,如图 5.3 所示,物联网可以应用于许多不同的领域。这些领域可按 Borgia 的建议[BOR 14]依次细分为:①工业(工业领域);②智慧城市(智慧城市领域);③健康和幸福(健康和幸福领域)。

　　Su 等[SU 14]估计,物联网在不同领域的应用可以促进从卫生到农业的许多领域的发展,从而提高人们的生活质量。此外,还应强调的是,物联网仍有发展和创新的空间。

　　例如,最近进行了大量研究的领域之一是智慧城市。智慧城市能够创造出智能环境,这要归功于利用技术确保城市内部不同功能的运行,如智能交通。智慧城市领域是需要应对的挑战之一,还需要加以改进。麦肯锡全球研究所[MCK 15]指出,城镇可以被用作创新的主要中心之一,因为其中包含着一些有待于解决的问题。

　　但是,应该指出,图 5.3 中并没有列出详尽的应用领域。此外,并不是所有这些应用都具有相同的成熟水平[BOR 14]。Barnachi 认为,为了让物联网完全发挥作用,有必要解决与数据的多样性、波动性和普遍性有关的问题,这些问题

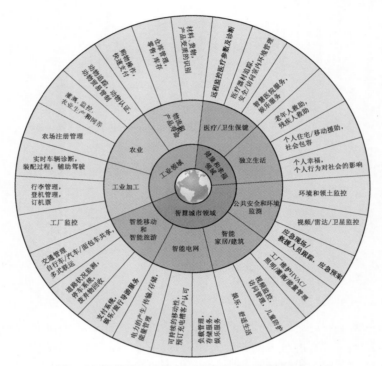

图 5.3 物联网和连接应用程序的应用领域[BOR 14]

使数据处理成为一项难题[BAR 12],还有一些与软件基础设施相关的挑战,因此,必须开发新的数据处理和数据可视化服务功能,目的是在一个不断发展和可互操作的环境中支持应用程序。某些学者认为物联网最重要的问题之一是信息的互操作性[IER 13]。

　　Gubbi 等认为,为了对来自物联网的数据具有精确的可视化,设备的界面必须是用户友好的,对每个人来说都是直观的[GUB 13]。此外,用户与环境的任何交互都需要可视化软件,这将突出显示监测机制,例如解释收集数据的机制[SIN 14]。

5.3　物联网中的信息可视化和数据可视化

　　目前,随着大数据的创新和技术的发展,电子科研(e-Science)重点是集中使用计算机模拟产生的数据。可以从这些数据中提取数值,并以可视化数据(DataVis)分析的形式进行变换,并需要以技术创新实现交互,对实时生成的大量数据(数据流)实现可视化,如气候预测、天体物理预测和贸易流量(InfoVis)。

在这种背景下,数据可视化分析与物联网、大数据和数据可视化密切相关。

数据分析系统如图 5.4 所示。

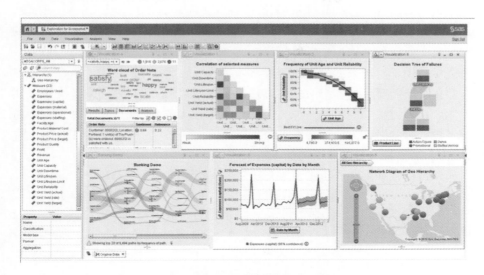

图 5.4　数据分析系统[SAS 16]

大数据技术的目的是为可视化数据的收集提供工具,这些数据来自众多的知识和领域,如物理学、天文学、商业、环境监测、灾害和风险管理、安全和分析工程等。从这些领域收集的数据是不完整的、异构的,并且采用不同的数据格式(视频、文本和元数据),需要大量存储,也需要对收集到的数据信息进行快速分析。数据来源于各种传感器和电子设备,也包括来自云的数据信息。这样,大数据技术将为未来的科学和可视分析行业提供革命性的发现成果。

大数据是一种技术和人为的现象,它试图根据数据的体量、速度、准确性和多样性来解决当前数据集约使用中存在的问题[CHE 15]。

在此背景下,数据科学作为一个研究领域出现,使用各种算法开展数据搜索的工作,研究数据搜索技术和软件,这些算法侧重于大量数据的提取和可视化。数据科学为应对大数据的挑战提供了必要的技能和知识。它涉及数据的使用,并促进了卫生保健、商业和保险领域可视化发展,以及能源资源的有效管理。它基于数据挖掘、机器学习、视觉分析、高性能云计算、并行计算和信息收集等传统技术[MAS 15]。

数据可视化技术的使用对于数据科学家来说至关重要,他们关注的是使用大数据技术进行数据收集时的识别模型、趋势和关系。与可视化直接相关的是可视分析,它是一个涉及大量复杂数据(数据集)使用和交互式可视化分析的研究领域,这一研究表明了分析的过程,并且需要高度的监测和人机交互。

同时,数据科学是一门涉及数据资料的科学,它精确地定义了可视化分析的当前形式。简而言之,数据挖掘和云计算可以被认为是大数据转换的第一阶段。

数据科学是一个新的探索领域,它将能够解决当前和未来与大数据相关的问题。这一科学联合体为数据科学家、工程师和信息技术公司提供了许多机会。它还提供了用于发现数据可视化新数学算法的可能性[CHE 15]。

数据科学需要一种系统的思维形式,结合一种创造性的方法来解决一般实际问题。这种方法的例子是一种类似于土木工程师的思维方式,土木工程师是和视觉设计师的思维方式结合在一起来思维的。规划对于数据科学工作至关重要,因为它需要许多资源和不同的方法来获得结果[VOU 14]。

科学数据图如图 5.5 所示。

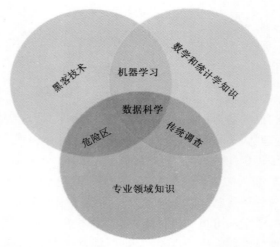

图 5.5　科学数据图(维恩(Venn)数据图表是一创意,作为衍生工具,非商业之用)[CON 10]

下面介绍物联网环境下的可视化分析内容。

可视化分析是一种推理科学,它依赖于使用交互式可视化接口来展示它。目前,数据以惊人的速度产生,收集和存储数据能力以比随后分析能力更快的速度增长[WON 04]。在过去几年中,开发了大量的自动化数据分析方法。然而,这些问题的复杂性要求在数据分析过程的早期就要纳入人类智能。

可视化分析方法允许决策者将灵活性、创造性和人类基础知识与计算机的存储和处理能力结合起来,以解决复杂的问题。先进视觉界面的使用允许人和计算机之间直接交互,减少数据分析的工作量,并允许他们在复杂的环境中做出有效的决定。

可视化分析将数据自动分析与交互可视化结合起来,这一定势包括数据可视化软件和技术分析的创建与使用过程。可视分析是一门运用分析推理促进可视界面理解可视化过程的科学。这是一个交互的过程,涉及信息收集、数据处理、知识表达、互动和决策。它涉及对大量数据的描述,无论这些数据是来自科学研究的、法医学的,还是来自具有多种数据源的企业,都需要细心地将诸如大数据等高级计算与人类的感知和认知相结合。因此,需要使用与自动分析相关的方法,如数据库中的知识发现(KDD)、统计和数学等,而人类方面则需要有关联与决策感知能力,这使得可视分析成为未来研究的一个领域,这与数据科学家的任务有着深刻的联系[THO 05]。

可视化分析的例子如图 5.6 所示。

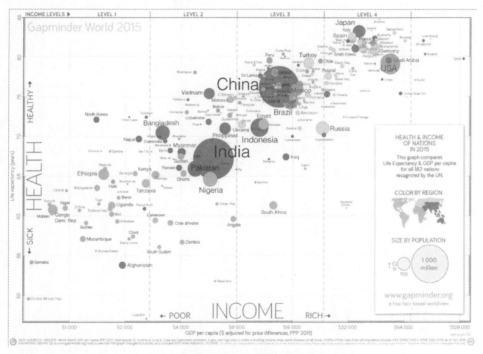

图 5.6　可视化分析的例子[ROS 12]

视觉分析的应用领域涉及与各种研究实践有关的一系列内容,包括物理学、天文学、商业、环境监测、风险管理、安全、生物学、医学、分析工程等。

(1) 物理学和天文学:在物理学和天文学中包括了数据流的可视化等多种应用,包括对流体力学与分子、核科学、天体物理学、宇宙数据的获取和收集可视化应用。大数据规模上的非结构化数据量来源于空间轨道的不同方向,并覆盖了整个范围,这样就形成了连续的数太字节的数据流,无法被超级计算机记录和分析。在这种情况下,数据的数量是如此之大,以至于超过了人类的理解能力。得益于数据分析技术(如 KDD),天文学家可以在宇宙中发现新的现象及有价值的规律和知识,等等。可视化分析方法可以帮助将有用数据从繁杂的数据中分离出来,并帮助识别大量动态数据流中的各类现象。

(2)商业:金融市场有着不同的行为、义务、原始材料、股票指数、货币和资金,每秒钟都产生大量数据,多年来已经积累了大量的数据。

(3)环境监测:关于事件以及气候和气象条件的报告。这是一个涉及从卫星和传感器收集大量数据的领域。这些传感器连续不断地对一天中发生的气候变化数据进行记录,这些数据以太字节的数据流量累积。这个领域的应用程序:一方面是即时可视化(快照),也就是说,是实时的场景或事件的即时图像;另一方面,它们记载了过去一系列事件,并对未来进行预测。这样就可以分析某些现象并找出其发展过程中的某些基本因素,并帮助决策者采取必要措施,如全球减少二氧化碳排放,以减缓全球变暖就是一例。用于建模和气候可视化的应用程序可以覆盖任何时间段,包括每天的短期气象预报,这就构成了对复杂气候变化实现可视化的基础。这一方法也可以扩展应用到跨越数千年的预测。

(4)风险管理:视觉分析在风险管理中的应用使预测环境灾害成为可能,借助于之前气候变化可视图像的帮助,提前采取必要的措施,例如建造物理屏障,或者疏散人口。风险管理对象可包括自然灾害或气象条件(洪水、超级巨浪、火山爆发、风暴、火灾或地方病)造成的危害,也可包括人类造成的技术灾害,如意外事件、交通事故或污染。因此,可视分析可以帮助预测损害的程度,并可能为受影响地区确定适当和有效的策略。

(5)安全:视觉分析在这一领域的应用很广,包括保护信息系统免受网络恐怖主义危害,确保网络安全。在这一领域中的应用挑战在于获取所有信息以找到相关的隐患。

(6)生物学和医学:视觉分析在生物学和医学的研究领域得以广泛的应用。例如,计算机断层成像和三维超声在医学领域中的应用。另一个新兴的应用是在生物信息学中的应用,如人类基因组计划,它拥有 30 亿个人类基因组碱基对。在其他领域中的应用正在出现,如蛋白质组学(研究细胞中的蛋白质),代谢物组学(对特定细胞过程的化学指纹进行系统研究),组合化学(它已经鉴定出数以千万计的化合物,并且数量每天都在增加)。传统的可视化技术无法处理这些海量的数据,而新的可视化分析方法则能更有效地分析这些环境中的数据。

(7)分析工程涵盖与城市工程有关的整个过程,如建筑的物理过程,或者汽车工业中汽车阻力试验设施的建造。可视化分析在汽车工业中的另一个应用是由计算机模拟车祸事故,其中,一辆汽车的图像用由数十万个点组成的网格来表示。

除了上述实验外,对数据的可视化分析还使用图像来表示信息。它需要数学、计算机编程、视觉感知和认知科学的跨学科知识。因此,它使得探索可视化的理论和实践成为可能,因为可视化需要在不同应用领域获取知识。

与可视化分析相关的领域如图 5.7 所示。

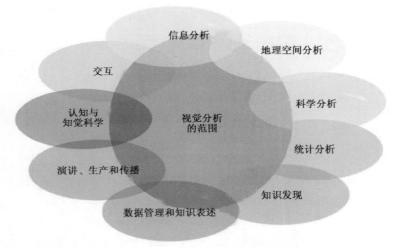

图 5.7　与可视化分析相关的领域[KEI 08]

可视化分析可以看作是科学数据整合技术的一种直接应用。它把相关学科的可视化解决方案结合在一起,这些学科是因信息可视化(InfoVis)和科学可视化(SciVis)的研究相互交织而产生的。其主要目标是提供技术和工具,以监督分析和从视觉界面提取知识,旨在发展交互式和在意义重大的可视化中转换复杂数据的能力。它的实践者学会了数据设计的基本原则和数据可视化类型学[TEL 15]:

(1)信息可视化。它本质上是跨学科的,涵盖计算机图形学、地理和信息科学,信息可视化在改善大量信息的访问、处理和管理中有着巨大的潜力。因此,其作用是在一个独特的环境中减少数据,从而使分析简化,使这种类型表示的工具有科学图表[BOR 02]等。

(2)科学可视化。这种可视化最初是科学计算过程(用于科研、工程建模与计算机仿真)的一部分。科学可视化的目的是解决数字模拟计算产生的数据量增加带来的相关问题,这些模拟计算源于不同的物理过程,如流体流动、热对流或材料变形。与科学属性相关的是,这种可视化与科学模拟产生的深入认知相关联。它再现的目标包括建筑、气象和生物医学,其中重点放在大量数据和曲面的真实呈现上[POS 03]。

5.4 物联网环境下的可视化分析

数据可视化分析的特点是,它通过将描述性图形中的几种代码组合在一起来表示和总结数据。这种显示采用了定量合成计算机技术,如图形和仪表板。因此,大数据对数据可视化提出了独特的挑战,因为它形成并提供了从数据中提取的信息[FEW 08]。

还可以推断,可视化分析可以是一种将自动分析技术与交互可视化技术结合起来的分析,目的是在进行大量复杂数据分析时,使得对数据的理解更有效,并促进推理和决策[KEI 10]。

可视化分析是系统的核心,不仅可作为传递数据值或分析结果的手段,而且越来越多地用于监视其他学科,如数据管理和数据挖掘。

图 5.8 所示为 Lora 联盟如何保证物联网应用的互操作性和灵活性。

图 5.8 Lora 联盟如何保证物联网应用的互操作性和灵活性
(资料来源:https://www.flickr.com/photos/ibm_Research_zurich/16371812028/in/Photostream/.
Image under Creative License by-nd 2.0)

由于在世界各地网络上流通的信息过多,可视化分析的用处正在增大。2014 年,每天发送超过 2.1 亿封电子邮件、40 亿条短信和 9000 万条推文。在欧

洲,媒体监视器是一种自动确定媒体(媒体门户网站、政府网站和新闻代理)所
覆盖的内容并收集约 2500 个新文档的系统。它每天以 43 种语言处理约
80000~100000 篇文章[KEI 10]。

可视化分析可以看作是一种将可视化、人为因素和数据分析结合起来的方
法。图 5.9 显示了与可视化分析相关的研究领域。

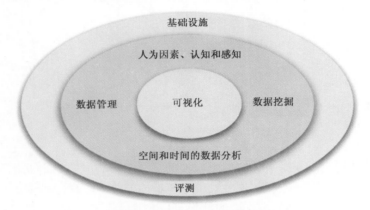

图 5.9　与可视化经分析相关的研究领域。[HEI 10]

可视化分析除了可视化、数据分析和人为因素外,还包括认知和感知。它在
人机通信中也起着关键的作用,并促进了决策过程的进行。可视化分析涉及的
相互关联领域包括信息可视化、计算机图形学(计算机图形界面)和数据分析,
这有利于信息检索、数据管理和知识的表达,以及数据挖掘。

可视化分析的过程将可视化分析的自动化方法与人机交互结合起来,目的
是从数据中获取知识。

图 5.10 展示了可视化分析过程的步骤(以椭圆形表示)和转换(箭头)的总
体概述。这一过程涉及两个方面:

(1) 对数据进行预处理和转换,以获得不同的表示形式,从而产生许多应用
场景。异构数据源必须集成到可视化分析方法中,并以自动化的方式应用。因
此,第一步用于获取不同形式的表示和研究(图 5.10 的箭头所示)。其他典型
任务包括预处理、清理数据、标准化、整合和集成异构数据源。

(2) 应用自动化方法进行可视化分析。在数据处理之后,分析人员可以在
应用可视分析方法或自动分析方法之间做出选择。当第一次使用自动分析时,
采用数据提取方法生成基本(原始)数据的模型。一旦创建了模型,分析就必须
评估和细化可以通过与数据交互生成的模型。

可视化分析允许分析人员与自动化方法交互,修改参数和选择分析算法。

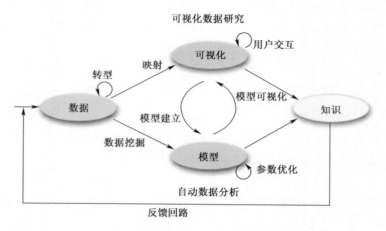

图 5.10　可视化分析过程[HEI 10]

然后,可以使用显示模型来评估生成模型的结果。可视化方法和自动化方法之间的交替是可视化分析过程,这导致了对初步结果的不断改进和验证。

在中间状态中识别的不正确的结果可以被认为是初始状态,这从而可以产生更好的结果和更大分析置信度。当第一步对数据进行可视化扫描时,用户可以确认在对中间阶段进行自动分析期间生成的假设。用户与可视化的交互对于显示有用的信息是必要的,例如,放大不同区域的数据或放大可视数据分析中不同的视角。

因此,结果的显示可以指导建立自动分析模型。总之,对可视化分析和自动分析过程的了解,以及与可视化的交互作用,先于人类分析模型[THO 05]。

5.5　结　　论

"图片胜过千言万语"这句话强调了大数据的流行观念,并充分展示了它在当代世界的意义,在这个世界里用户和企业正产生着大量存储数据。这些数据没有价值,因为它不能以简单方式显示,使得任何用户都可访问并用于他们快速、有效地决策。尽管在过去的几十年中,图像越来越多地被用于可视化来自企业的数据,但是可视化技术已经得到了改进,以满足当前对移动性的需求,其中,大数据显示了来自商业世界的新的用户配置文件[LIE 13]。技术的集成和可视化数据的优化允许通过图形、表格、图表等方式来显示关键信息。这样就有可能以一种简单和直观的方式得出结论,这对于企业来说是必不可少的,这样他们就可以实时地做出决策,提高他们的能力,以了解不同的领域和预测问题防止对公司构成真正的风险[MIG 14]。

图 5.11 所示为用 Qlik Sense Desktop 生成的可视化分析。

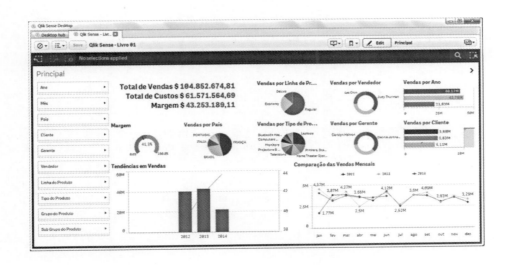

图 5.11　用 Qlik Sense Desktop 生成可视化分析[FRE 14]

用于可视化分析的这种类型的数据管理还包括以下优化技巧：

（1）信息图形可以用更简单的形式来更好地表示数据，可使用户精简内容，仅显示决策所必需的内容。这种方法的应用范围是无限的，从在手表上显示心率到使用移动电话监测系统中图形。

（2）因为在未来世界中，数字可视化将应用于微处理器并与家用设备结合，因此数字营销要借助于智能手机连接来开发。考虑到这一点，某些企业已经开始向公众公布它们的实施情况，松下公司的情况就是这样，它展示了具有智能使用系统的电气和电子系统的可编程性和时间性，这些都是基于语音系统或移动远程系统的。

（3）可视化分析可用于控制城镇或车辆的社会网络，也可用于高风险地区或对人类构成危险情况下的控制系统。它还可用于控制信息的流量，分析其密度和邻近程度，以及确定连接的中心点。

（4）全球定位系统也有助于通过地理地图系统提供位置数据，它们可以作为遥感洪水、地震、气候变化等系统的基础。

总之，我们的工作表明，在未来，可视化将在物联网中发挥越来越重要的作用，因为它是接口、分析和决策的核心。

参 考 文 献

[ANA 13] ANANTHARAM P., BARNAGHI P., SHETH A., Data Processing and Semantics for Advanced Internet of Things (IoT) Applications: Modeling, Annotation, Integration, and Perception, ACM Press, New York, 2013.

[ATZ 13] ATZORI L., IERA A., MORABITO G., "The Internet of Things: A survey", Computer Networks, vol. 54, no. 15, pp. 2787-2805, 2010.

[BAR 12] BARNAGHI P. et al., "Semantics for the Internet of Things: Early Progress and Back to the Future", International Journal on Semantic Web and Information Systems, vol. 8, no. 1, pp. 1-21, 2012.

[BOR 02] BÖRNER K., CHEN C. (eds), Visual Interfaces to Digital Libraries, Springer Verlag, Berlin, 2002.

[BOR 14] BORGIA E., "The Internet of Things vision: Key Features, Applications and Open Issues", Computer Communications, vol. 54, no. 1, pp. 1-31, 2014.

[CHE 15] CHEN L. M., SU Z., JIANG B., Mathematical Problems in Data Science: Theoretical and Practical Methods, Springer International Publishing, Amsterdam, 2015.

[CHU 15] CHUNG J. M., Internet of Things and Augmented Reality Emerging Technologies, Course curriculum, Yonsei School of Electronical and Electronic Engineering, Seoul, 2014.

[CON 10] CONWAY D., "Venn Diagram", available at: http://drewconway.com/ zia/2013/3/26/the-data-science-venn-diagram, 2010.

[FEW 08] FEW S., "With Dashboards: Formatting and Layout Definitely Matter", available at: https://www.perceptualedge.com/articles/Whitepapers/ Formatting_and_LayouMatter.pdf, 2008.

[FRE 14] FREITAS A. R., "O que é o Qlik Sense e o Qlik Sense Desktop?", available at: http://www.guiatecnico.com.br/gt/? p=480, 2014.

[GRE 15] GREENGARD S., The Internet of Things (Essential Knowledge), MIT Press, Cambridge, 2015.

[GUB 13] GUBBI J. et al., "Internet of Things (IoT): A vision, architectural elements, and future directions", Future Generation Computer Systems, vol. 29, no. 7, pp. 1645-1660, 2013.

[IER 13] IERC, IoT Semantic Interoperability: Research Challenges, Best Practices, Solutions and Next Steps, IERC AC4 Manifesto-Present and Future, 2013.

[KEI 08] KEIM D. et al., "Visual Analytics: Scope and Challenges", in SIMOFF S. J., BÖHLEN M. H., MAZEIKA A. (eds), Visual Data Mining: Theory, Techniques and Tools for Visual Analytics, Springer-Verlag, Berlin, 2008.

[KEI 10] KEIM D. et al., Mastering the Information Age Solving Problems with Visual Analytics, Eurographics Association, Goslar, 2010.

[KOP 11] KOPETZ H., "Internet of Things", in KOPETZ H. (ed.), Real-time Systems, Springer, New York, 2011.

[LIE 13] LIEBOWITZ J., BigData and Business Analytics, CRC Press, Boca Raton, 2013.

[MAS 15] "Master In Data Science", available at: https://www.city.ac.uk/courses/postgraduate/data-science-msc, consulted January 15, 2016.

［MCK 15］ MCKINSEY GLOBAL INSTITUTE, "The Internet of Things: Mapping the Value Beyond the Hype. ", available at: http://www. mckinsey. com/ insights/business_technology/the_Internet_of_things _the_value_of_digitizing_the_physical_world, 2015.

［MIG 14］ MIGUÉLEZ J. A. , "Seis recomendaciones para optimizar la visualización de datos em la empresa", Business Intelligence, available at: http: //www. dataprix. com/empresa/recurso-it/business-intelligence/6-recomendaciones-optimizar-visualizacion datos-empresa, 2014.

［PER 15］ PEREIRA C. et al. , "Big Data Privacy in the Internet of Things Era", IEEE Computer Society, vol. 17, no. 3, pp. 32−39, 2015.

［POS 03］ POST F. H. , NIELSON G. M. , BONNEAU G. -P. , Data Visualization: The State of the Art, Springer, New York, 2003.

［ROS 12］ ROSLING H. , "Gapminder World", available at: http://www. gapminder. org /downloads/world-pdf/, 2012.

［SAS 16］ SAS VISUAL ANALYTICS, "Data Visualization Software that Offers Full-size Power for Any Size Budget", available at: http://www. sas. com/ content/sascom/en_za/software/business-intelligence/visual-analytics/_jcr_content/par/styledcontainer_7674/par/contentcarousel_5b29/cntntcarousel/textimage_ 9afd/image. img. png/14577 23467804. png, 2016.

［SIN 14］ SINGH D. , TRIPATHI G. , JARA J. A. , "A Survey of Internet-of-Things: Future Vision, Architecture, Challenges and Services", IEEE World Forum on Internet of Things (WF-IoT), Seoul, March 6−8,2014.

［STA 14］ STANKOVIC J. A. , "Life Fellow, Research Directions for the Internet of Things", IEEE Internet of Things Journal, vol. 1, no. 1, pp. 3−9, 2014.

［SU 14］ SU X. et al. , "Adding Semantics to Internet of Things", Concurrency Computation: Practice and Experience, vol. 27, no. 8, pp. 1844−1860, 2014.

［TEL 15］ TELEA A. , Data Visualization Principles and Practice, CRC Press, Boca Raton, 2015.

［THO 05］ THOMAS J. , COOK K. , Illuminating the Path: Research and Development Agenda for Visual Analytics, IEEE-Press, Los Alamitos, 2005.

［VER 15］ VERMESAN O. , FRIESS P. (eds), Internet of Things IoT Semantic Interoperability: Research Challenges, Best Practices, Recommendations and Next Steps, European Research Cluster on the Internet of Things, IERC, March 24 2015.

［VOU 14］ VOULGARIS Z. , Data scientist: The Definitive Guide to Becoming a Data Scientist, Technics Publications, Basking Ridge, 2014.

［WAN 13］ WANG W. et al. , "Knowledge Representation in the Internet of Things:Semantic Modelling and its Applications Automatika", Journal for Control, Measurement, Electronics, Computing and Communications, vol. 54, no. 4, pp. 388−400, 2013.

［WON 04］ WONG P. C. , THOMAS J. , "Visual analytics", IEEE Computer Graphics and Applications, vol. 24, no. 5, pp. 20−21, 2004.

第6章　量化自我和移动健康应用程序：从信息通信科学到社会设计创新

6.1　引　言

连接对象和便携式屏幕正在一点点地融入我们的日常生活。它们正变得越来越小,越来越符合人体工程学,而且在人体佩戴时也越来越不易被察觉,他们可以收集生理、行为和地理定位数据。因此,一种身体文化正在发展,这种文化更多地配备有一些技术对象,使收集、存储和可视化一个人的个人信息成为可能。在这方面,基于个人参数的自我测量,以及便携式屏幕、连接对象和社交网络之间的互连,促使我们已经进入了"量化自我的文化"[LAM 14]。拥有越来越精细设备物品伴随着运动员,也伴随着那些大量出现的想要收集自己数据的普通公民。克里斯·丹西(Chris Dancy)就是这样的一个突出例子,这位北美居民日夜收集大量关于他自己的资料,2010—2013年期间,由于生物反馈的影响,他的体重大幅下降,这也为他充分利用物联网上相互关联的信息技术创造了条件。他的身体变化显示在多个平台上,这些平台同时构建了他的数字身份,以这样的方式,展示了一个使用量化自我改进身体的范例。他对连接对象的日常使用综合了对有关健康、家庭自动化,以及以预防为目的的强烈现实需求,甚至是对行为预测的承诺和关注。这个独特的实验十分注重分析,为的是掌握信息技术纳入我们日常生活所需要的一些情况。对克里斯·丹西所用连接对象的分析旨在回答以下问题:①连接对象是如何改变一个人与他的身体以及他的行为表现之间的关系的? ②他们是如何将人机关系推向更多的在线社会交互的? ③他自身的数据是以何种惊人的方式来进行交流的? 为了理解这些问题,推出了一种跨学科的方法,将符号学、设计工程和传播人类学等分析工具结合在一起。

定性分析涉及一个语料库,该语料库由构成克里斯·丹西数字身份的多个平台收集的数据组成。虽然我们的观察阶段仅仅持续了3个月(2015年2月—5

本章作者:Marie-Julie,Catoir-Brisson。

月),但收集到的数据属于较长时间(2010—2015年),目的是为了分析克里斯·丹西身体上的变化。该语料库由不同类型的支撑资料组成:在社交网络(Facebook、Instagram、Twitter)上发布的照片和文本,克里斯·丹西使用的两个应用程序(FitBit和Existence)的可视化数据,在他的两个网站(www.servicesphere.com和www.chrisdancy.com)上发表有关于他与相连对象关系的论述,和关于他在Slideshare频道上的信息技术实验会议幻灯片。在本研究框架内,必须对收集到的大量数据进行选择。选择时使用了突出问题标准,特别是对数据的选择,这些数据说明了克里斯·丹西所使用的物体对象作用范围,以及他与它们之间的具体关系。

在方法上,对语料库进行了3个层次的分析。第一个层次是研究他在社会数字网络上的物理转变阶段,以及产生这一阶段的社会交互。第二层次从符号学的角度讨论了健康应用数据表示的美学维度,描述了应用程序的信息设计、克里斯·丹西所使用的连接对象的作用范围,以及接口核心的价值系统。这一分析是通过一种将信息设计和数据可视化纳入历史视角的中间方法完成的。第三层次是克里斯·丹西对交互设计的展望,旨在了解这个范例是如何形成与信息技术的特定关系的,也是技术发展进程中应该受到严重质疑的一部分。

研究分为4个部分:第一部分涉及了一些特定术语的定义,这些术语与重新研究量化自我和移动健康相关,以便描述克里斯·丹西所使用的信息技术。第二部分介绍了选择性分析的结果,强调了克里斯·丹西的转变。第三部分涉及克里斯·丹西使用设备的作用范围,特别是他与便携式技术的关系的核心价值系统,以及他对交互设计的愿景。从人类学的角度来看,还涉及将这一现象纳入信息技术和嵌入式计算的概念之中。第四部分围绕这一特定情况提出了重要的论点。它开启了对医疗保健部门使用的相关连接对象所带来的生物伦理、体制和社会经济挑战的更为全球化的反思,它还研究了连接对象和泛医学的发展如何改变患者、医生以及公共与私人卫生机构之间的三位一体关系。最后,这里提出基于传播人类学和设计性社会创新的移动健康技术的其他可考虑的途径[GRA 13]。

6.2 人机交互界面和连接对象向人为技术的演变

6.2.1 从电子健康到"量化自我"

首先,似乎有必要对发展自主测量设备促销性话语的术语,以及在健康与生活福祉领域的移动应用性话语进行定义和区分。电子健康、移动健康和量化自我经常一起使用,即使它们涵盖的是差异很大的数据处理过程和实践,还是引起了许多用户的困惑,如图 6.1 所示。

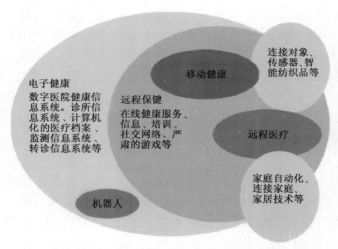

图 6.1   远程保健、电子健康、移动健康和远程医疗的区别

(出自 Connected health. Livre blanc du Conseil national de l'ordre des médecins,2015,p. 9)

根据欧盟委员会的说法,电子健康(e-Health)一词"指所有基于 ICT 的医疗保健技术和服务"[COM 09]。它包括各种不同的实践,从远程医疗到保健专业人员信息系统。现在这个词的使用已经被淡化,它只是指"有助于医疗系统数字化转变的所有东西"[CON 15]。移动健康(m-Health)是电子健康的延伸,更注重移动性,它是利用便携式信息技术和连接到移动网络的设备实现移动的,它同时包括由移动设备支持的医疗实践和公共卫生,以及通过通信测试设备对病人进行监测和监视。自我测量(或量化自我)是指一组实践活动,这些实践活动都具有与人的生活方式相关的测量和比较参数的共同特点[CNI 14]。量化自我的发展与物联网的发展有关,自 2011 年以来,量化自我运动关注度增长速度非常快,以至于给人的印象是它前所未有的创新。然而,自 19 世纪引入家用秤和温度计以来,自我测量一直是一种普遍的做法。量化自我的新颖性在于它不是测量自我的行为,而是通过物联网共享收集数据。因此,在数据的收集和访问方面,移动健康和量化自我之间存在着很大的差异。事实上,在移动健康领域,医疗专业人员要求患者收集数据,而这些数据仍然存在于他们及其病人之间。对于量化自我,是个人主动测量他(或她)的个人数据并与他人交流,特别是通过社交网络来实现交流。

就这一点,我们可以问问自己,每天使用多种便携式传感器是否也属于健康的范畴。对 OMS 来说,健康包括"身体、精神和社会福利的状态"。因此,我们可以说克里斯·丹西对信息技术的使用不属于医疗领域,不能说是对他的生理数据的监控。他对便携式信息技术的使用似乎与"人为技术"相关，其定义为："通过对自己身体的干预，而使人在非医疗条件下达到健康的艺术或技术"[GOF 06]。

6.2.2　人为技术与克里斯·丹西的信息生态系统

图 6.2 使我们可以看到克里斯·丹西所穿戴的不同装置：连接手镯、臂章、眼镜、照相机和便携式照相机、生理传感器和连接便携式屏幕，这些装置记录着他的运动并进行定位。

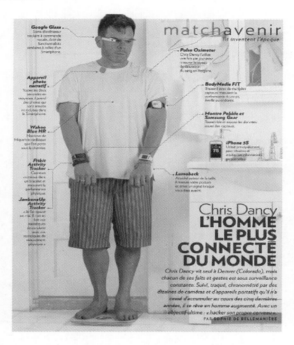

图 6.2　克里斯·丹西每天穿戴的装置①,（此照片于 2014 年 7 月发表在《巴黎竞赛》上，http：//www. parismatch. com/Vivre/High-Tech/L-homme-le-plus-connecte-du-monde-577862）

除了这些便携式设备，其他技术也被集成到克里斯·丹西的家庭空间②中，这又涉及家庭自动化领域。例如，为了测量他的睡眠，他把床旁的传感器和手腕

---

①　这些传感器是如何工作的可以参考"自我跟踪工具指南"。资料来源：http：//quantifiedself. com/guide/。

②　克里斯·丹西（Chris Dancy）在一段由 Bianca Consunji 和 Evan Engel 制作的视频中展示了他的连接对象及连接的家庭空间，这段视频是 2014 年为在线杂志《Mastable》上拍摄的。资料来源：https：//www.youtube.com/watch？v＝qdCQUHxVxfk。

上戴的手镯组合在一起。他也在房间里使用热传感器和移动传感器。灯光和音乐可以通过远程编程来创造一种特殊的气氛,特别是当他出差回家时。通过这种方式,克里斯·丹西部署了一个复杂的信息和通信生态系统,这个生态系统由他所穿戴的连接对象和集成在他的家具中的传感器组成。他每天记录自己的生理和生物特征数据,并在办公室 3 个计算机屏幕上进行分析和查看。所有设备都通过 Wi-Fi 互连,数据从一个接口到另一个接口(特别是从智能手机屏幕到计算机屏幕)。

他的办公室是一个非常独特的空间(图 6.3)。几种类型的对象共存:3 个平板屏幕和多个传感器(如一个立方体传感器)、书籍(特别是沃霍尔(Warhol)的书籍)和装饰物混合放在一起。他的墙上装修着木板,在上面他制作了剪报、照片、冥想短语和多种物品的拼贴。数字设备旁边也有一个雕像。他使用两个不同的座椅:一个是符合人体工程学的椅子,是用于在 3 个屏幕前工作的,还有一个装饰着羽毛和多种雕塑的木椅,这让人想起了伟大的美洲土著酋长们。

图 6.3   克里斯·丹西在他的办公室:文化和技术的交融(照片于 2014 年 8 月在《Mastable》杂志网站上发布,网址为 http://mashable.com/2014/08/21/most-connected-man/#0TM6VmdLGkq1)

因此,图 6.3 展示了克里斯·丹西用信息技术来维系的疯狂迷恋物品关系:这是一个数据处理中心,他在此控制着它所占有的数据。这一空间构成了他自我监控系统的基础,具有强烈的文化和技术交融性。

办公室旁边的另一个房间是预留充电间,他每天在此给所有设备充电。充电间配备了一个 USB 集线器,有 30 多个端口,为他使用的数百个连接对象充电。

6.2.3   连接对象作为普适计算的继承者

虽然连接对象的发展似乎是新兴的,但必须将其纳入信息技术发展的历史。

克里斯·丹西的连接对象是通信对象,其特征是"它们有相互识别的能力"(LCN,2002),通信对象的发展遵循了"技术传播和又被掩埋的总趋势"[DEM 02]。它基于两大变化:信息技术的数字融合和这些连接对象的共同"改进"[PRI 02]。通过融入家庭环境,通信对象往往会消失在环境中,并创造了环境交流,在克里斯·丹西和周围环境之间建立一种共生关系。这种特殊的交互作用已经在"无处不在"的计算和"关注环境"的工作中得到了重视[WEI 91]。因为多个相互连接的对象构成了一个发散的界面,导致了用户和界面之间关系的转换,明显地淹没在所处环境之中[PRI 02]。

我们可以观察到计算机屏幕和智能手机之间的竞争和协同作用,克里斯·丹西的交流对象就被吸引到这种竞争和协同作用中。连接对象赋予智能手机一个核心角色,因为连接对象和移动应用程序的设计者更喜欢智能手机的屏幕,它也适合于移动。如果考虑手机屏幕和计算机屏幕这两个屏幕之间的同步,以及移动媒体[CAT 12]从连接对象到智能手机再到计算机的循环,这两个屏幕之间也有互补性。另外,每天伴随克里斯·丹西的便携式屏幕(如他的智能手机或和他连在一起的手镯)就像电子记事簿,让我们想起了 20 世纪 80 年代末出现的掌上电脑(PDA)。

从符号学和社会文化的角度来看,克里斯·丹西的屏幕同时是"有作为的"和"接触的"屏幕[LAN 10]。他的便携式屏幕也属于"亲密屏幕"的范畴,其主要特点是它是机动的和经验的。克里斯·丹西本人将他的数据分为"小数据"和"经验数据",强调了大数据到个人级别的传递。这些"亲密屏幕"的矛盾之处在于,它们通过网络与公共领域相互关联;通过这种方式,它们分析了克里斯·丹西的个人数据,并将其分享到了他的私密领域之外。所有这些都引发了关于屏幕和连接对象的作用问题,这一作用存在于他与自己身体,及与其他人的关系之中。

6.3　克里斯·丹西与其信息技术关系的核心拓展范围和价值体系

我们可以把克里斯·丹西的连接对象看作"实用对象"[DEN 05],并分析它们用于塑造他的行为和与社会互动的方式。基于收集到的数据向他提出建议,它们参与了对他身体和社会生活的改进。他的连接物体对象的实际能力在于它们实时提供生物反馈的能力,这可使他改善自己的行为。然后,他的日常生活被量化为个人数据[MER 13]。

6.3.1 社会数字网络中增强型人物形象的逐步发展

克里斯·丹西在 Facebook 上发布了 3 张照片,是他以讲故事的方式展示的 2009 年、2011 年和 2013 年拍摄的他在这一段身体蜕变经历[SAL 08],展示了他身体变化的这一奇观。除了看到克里斯·丹西的脸因体重减轻而发生的变化之外,观察他的性格特征的演变也是很有趣的。从 2011 年开始,他戴着一副很显眼的黑色镜框的眼镜。然后,在 2013 年,他买了一款谷歌眼镜,他在所有媒体露面时都戴着谷歌眼镜,以至于该眼镜已经成为他提升个人形象的关键,如图 6.4 所示。

克里斯·丹西因人为技术而变形,其价值出现在"朋友"们对他 2013 年照片的评论中:他们形容他"英俊",甚至"看上去很棒"。因此,这一变化涉及到他与他人、他与自己的关系,采取的是自我改进的方法。

| 2009 年 | 2011 年 | 2013 年 |

图 6.4　Facebook 上对克里斯·丹西变形的戏剧化展示

6.3.2 信息设计和数据可视化:应用程序 Fitbit 和 Existence 案例

随后,我们可以通过探索信息设计和数据可视化来分析克里斯·丹西使用的移动应用程序。第二个层次的分析涉及两个方面:美学和符号学。在应用程序 Fitbit 中,收集到的数据以日常图形的形式被可视化,如步行计数器的柱状图、心率的曲线图、用来评价睡眠质量的双层圆环图。该应用程序还测量用户消耗的热量。在应用程序 Existence 中,用户可以通过双层圆环图探索他(或她)的活动时间线来分析他(或她)的日常活动,优化他们的时间,同时,他们得到关于同一日常活动的反馈。该应用程序的设计似乎在深度计算的脉络中①带有一种"慈悲的伦理"[Soo 11]。

---

① 　克里斯·丹西经常使用术语"沉思技术",引用 Alex Soojung-Kim Pang(2013)的作品《The Distraction Addiction》。

这两个应用程序的接口是漂移的，因为数据可以通过互联网在智能手机和计算机上查阅。它们似乎代表了量化自我中的两种信息设计趋势：第一个是在以性能为中心的设计中创建的；第二个则声称是深思熟虑的设计，意在将其与不成熟性计算区分开来。在这两个应用程序中，我们可以看到循环使用双层圆环图，这是许多基于数据化应用的主要表现形式。如果我们把这些应用的信息设计放在一个历史的角度，我们可以观察到，这些图形只是对适应当代视觉文化的图形符号学原理[BER 67]的重新实现。然而，新的情况是，这些是由计算机系统发送给用户的个人信息，是用以祝贺或鼓励用户的。对于这些连接对象的用户来说，这个细节很重要，就是这些对象已经被转化为一种生活指导。

克里斯·丹西收集的有关自身的数据在一定程度上是由健康/福利应用程序处理和可视化的，也可以通过手动处理和使用不同的软件程序进行数据可视化（如印象笔记（Evernote）、电子表格（Spreadsheets）和谷歌日历（Google Calendar））。他对这些系统很熟悉，因为他在信息技术部门为企业工作了 25 年之多。图 6.5 使我们能够直观地看到他所构建的复杂信息系统。

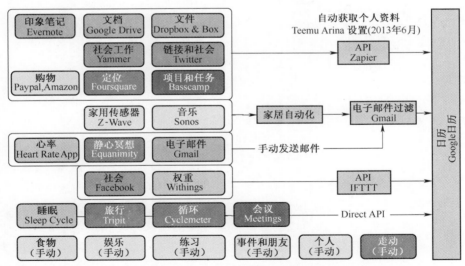

图 6.5　由 Teemu Arina 为克里斯·丹西的博客创建的"工作流程图"
(http://www.servicesphere.com/blog/2013/12/5/explaining-my-quantified-self-or-coming-out-of-my-data-close.html)

可以观察到，数据收集的一部分由它们所连接的不同软件程序自动执行。有关食物、娱乐、体育锻炼和社会生活的另一部分数据是由克里斯·丹西每天自己输入的。

6.3.3 泛灵论和拟人论：与连接对象的特殊关系

最后，我们可以看到克里斯·丹西关于他与其自我测量信息技术之间亲密关系的论述。在他的网站和博客上，他把自己描绘成"世界上最能连接的人"和"有意识的机器人"。他的既定目标是在他每天使用的数百个传感器、网络设备、应用程序和服务的帮助下，绘制自身存在的蓝图。他想走近的目标清楚地展现在他在 Slideshare 频道①分享的幻灯片中，尤其是在"存在人为信息系统"中，如图 6.6 所示。

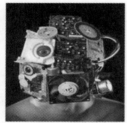

存在

第3步：你如何规划你的生活？你是谁？

固化的自我
我们的行为由我们的数字体验的许多方面组成。包括我们的偏好、我们的身体和环境如何对遗传密码做出反应

软数据
数字签名、身份、品味、偏好、自我构建

硬数据
可穿戴式、物联网、不能轻易被操控的生物和环境数据、实际的自我

核心数据
实验室结果、微生物组、遗传学、量化的自我

existence

图 6.6 "流动自我"的概念（克里斯·丹西在 Slideshare 频道上的幻灯片截屏，http://fr. slideshare. net/chrisdancy/the-humaninformation-system-byod-wearable-computing-and-imperceptible-electronics）

克里斯·丹西区分了 3 种类型的数据，它们构成了称为"流动自我"的"自我"，即软数据、硬数据和核心数据。因此，对他来说，我们的行为是由我们的数字体验的多个方面组成的。同位素现象的说法是在描述数据的术语中产生的，这个术语用来描述数据的"自我"程度，还有计算语言、网络体的图像都被描绘成一个复杂而透明的信息系统。在社会数字网络上，克里斯·丹西声称他的连接对象帮助他成为"一个更好的人"，让他更好地了解自己。此外，他在推特上说，"这不是关于你的数据，而是关于你的身份"。他的论述旨在使其他人相信，用于严密监控自己的自我量化，是在完成苏格拉底式的自我认识追求。

---

① 克里斯·丹西的演示频道，资料来源：http://fr. sldeshare. net/chrisdancy。

　　在 Facebook 上发表的采访和图片中,他通过融合精神、嵌入式技术、数字接口在环境中的非可视化,创造了一个类似科幻小说中描述的混合人体的形象。此外,他宣称由于他连接的类别"就像是魔鬼终结者!",使他拥有了他周围环境的多种信息。同样,Facebook 上他的个人资料图像(图 6.7)是一张集成照片,他的脖子上戴着一条荧光项链,脸颊上嵌入一组电脑组件。一位"朋友"通过比较克里斯·丹西和电影"星际迷航"中的柯克(Kirk)船长评论了这张照片。

图 6.7　"有意识的机器人":混合人体和科幻形象
(克里斯·丹西在 Facebook 上的帖子截图)

　　图 6.8 是 Aaron Jasinski 在 2012 年创作的画像,其中克里斯·丹西面向一个机器人在显示其外形轮廓。他手里拿着一个机器人面具,而机器人拿着他的面具。这幅画像名为"真实的你",它强调了克里斯·丹西把自己描绘成半人半机器的事实。同样有趣的是,一位似乎很了解他的密友在发表的评论中说"这个戴着你脸的机器人"。这句话似乎意味着克里斯·丹西感觉自己更接近一个机器人,而不是一个人,并且已经构建了一个"增强型"人类的混合身份。

　　所有这些信息都是在多个平台上传播的,构成了他支离破碎的数字身份,有助于促进形成一个在人、信息系统和环境之间互动的概念。此外,克里斯·丹西还提出了"内网"一词,用来描绘一个可能的未来,在这个过程中,人类个体通过反馈与环境互动,这些反馈是他身上的连接对象和周围环境物体反馈给他的。在这种交互设计的视野中,身体和环境成为界面,身份由信息定义。

　　克里斯·丹西还通过区分"老大哥"和"老母亲"来明确他的自我测量方法的发展方向。据他说,以前的系统积累他个人数据目的只是为了控制它们,而在后一种系统中,收集自己的数据,目的是由自己和为自己控制数据。"老母亲"一词的使用是一种旨在加强自我控制仁慈程度的策略,因为它会让人联想到与

图 6.8 "真实的你":Aaron Jasinski 创作的画像
（克里斯·丹西在 Facebook 上截取的帖子）

母性有关的心灵意象。

克里斯·丹西在 Instagram 上发表的一张图片（来自应用程序 Existence 的图片）评论中,强调了他与信息技术之间的情感关系。有一只狗平静地躺在下面这句话旁边:"你今天感觉好些了吗？你最近不是你自己了。"克里斯·丹西评论到:"它了解我"。将人类的知识、理解和同情能力都归于应用程序 Existence,突出了他与这一应用程序之间的情感联系,以情感设计[NOR 12]为特征,既注重行为层面,又注重其反身层面。这个用户友好的界面只能加强技术的掩盖性和计算机的不同计算层级,同时,它与用户一起创建了一个用户友好的界面。此外,克里斯·丹西每天交互的触摸屏是建立在这么一种概念之上的,即"人类的感觉和机械的感觉之间的一个渐进的类比,使机器越来越接近身体"[MPO 13]。

因此,通过对克里斯·丹西在网上发表的这些文章和图片的分析,可以理解他与其连接对象之间的关系,以及他对交互设计的看法,也可以看到他与这些装置之间关系的核心价值体系:物理性能、自我特征、多样化（文化、技术、物理）、便携式信息技术的整合和隐身等是其主轴。克里斯·丹西的经历是超人类主义意识形态的范例,他与技术的关系由泛灵论①、拟人论和科幻意象所组成。

克里斯·丹西面向深度计算、宁静技术和关注环境的交互设计愿景,属于 Mark Weiser 普适计算项目的统一体。克里斯·丹西的经历似乎是当代一种新兴趋势,在这种情况下,由界面中介与世界环境的关系是广义的,而接口则隐藏在环境中。

---

① Dominique Boullier(2002)对人类学问题不断深化的分析是我们与交流对象关系的核心,特别是我们与它们之间的泛灵论关系。

克里斯·丹西在连接对象价值的辩证法方面所做的工作,使"价值论和社会价值观校正"的不断更新成为可能[BEY 12]。因此,我们可以描绘出连接对象体现当代时代精神的方式,这种精神是通过接口所介导的连接对象与世界的关系来提供的。在一个人单体规模上使用大数据似乎是实现信息技术及进行通信交流的最初梦想,实现了在人体范围的生物工程控制。

从社会文化的角度来看,克里斯·丹西的便携式信息技术将他变成了一个"界面人",其中心思想是"大脑和屏幕之间的自动续写,以及身体的自动调节"。[REN 14a,REN 14b]。量化自我是"生活本身的数据化"幻想的一部分[CUK 14],它构成了一种在 doxa 被广泛宣传并且占据主导地位的意识形态。然而,个人信息技术的这一定位只是大数据需要被质疑的一个可能途径[GRA 13]。

就克里斯·丹西而言,也有必要在他的演讲中,谈及他推广所用装置时用词的含糊不清之处(将应用软件的广告语加入他在会议上和在 Slideshare 上提交的幻灯片中),以及谈及他的用户体验,他认为自己已是信息技术方面的专家了。演讲的语篇体裁(反思、广告词)出现了混乱,他所扮演的角色(顾问、见证人、用户)也接近于利益冲突。这种混乱是体验营销活动的一部分,在这场活动中,消费者变成品牌(在此情况下是应用程序)的代言人。

6.4 重新考虑在健康领域使用连接对象和移动应用程序的关键观点和反思途径

在这一分析的最后,似乎有超出克里斯·丹西的个案分析的倾向,目的是对在医疗保健领域使用连接对象和大数据对相关的伦理、制度和社会经济产生的挑战进行反思。如果克里斯·丹西的情况在今天仍然具有独特之处的话,那么连接对象就会被越来越多的公民所使用。为了应对这一日益增长的需求,专门从事保健工作的信息技术市场正以指数级的速度发展,已经到了对社会构成挑战的程度,这不仅涉及信息和通信科学家、工程师和设计师、医生等研究人员团体,而且还包括普天大众的所有公民。因此,这最后一部分的目标是,批判性地考虑使用市场上可用的连接对象和应用程序,但也要设想其他可能的技术,并在以人为中心的设计逻辑基础上,在伦理和可持续的动态发展中,设想创造这些技术的方式。

6.4.1 与数据管理有关的伦理和社会问题

"它总是伴随着价格……",系列片《很久以前》中的这句话似乎适合思考从数据无限大到数据管理的问题。从伦理的角度来看,在公民和信息技术制造商之间建立了一种默契——没有具体说明的契约。

正如 Dominique Cardon 在他最近的作品中所强调的,主体与行为量化的对立面被推广为建构身份(一种人身参照)的工具[CAR 05]。就克里斯·丹西而言,他对大数据的使用与其自我改进项目的 3 个步骤联系在一起:减肥、保持身材、打禅。因此,信息技术的使用属于数字所允许的透明乌托邦,他坚持"交叉引用用户自己所获得的数据"的理念,允许他通过变成"收集者-解释者"从而成为"自己数据的管理员"[CAR 05,第 78 页]。因此,面对"国家监控"和"市场工具化",用户将掌握自己的数据。然而,这一愿景是虚幻的,个人控制自己的数据,是在信息不对称和缺乏替代品的情况下,他们才会这样做[CAR 05,第 79页]。因此,个人信息技术和个人自身的大数据提供了许多机会,但它们也提出了数据管理以外的问题。这一问题的存在是因为司法缺失,因为目前没有任何法律规范数据的流通和交叉引用。此外,因为患者的数据是可以在网络上访问的,因此健康数据的数字化和交叉引用会导致患者采用匿名[MIC 15]。正是在这一层面上,提出了保护公民的公共和法律机构要对数据进行监管的问题。卫生领域的量化做法有利于个人对健康的微观管理,却不利于更多人的理解。他们把个人塑造成对自己的健康习惯负责的企业家,并且可以转移人们的注意力,使人们轻视了影响公共卫生的环境原因、社会经济原因[ROU 14]。

这种自我监控系统提出了个人数据的数字可追溯性问题。从生物伦理、政治和社会经济的角度来看,连接对象对数据的解释和使用提出了质疑。根据制造商在相关"健康"方面界定的规范和标准来记录人身体状况,提出了公共机构和医疗保健人员(特别是医生)需起到调解作用的问题,目的是制定数据使用框架,防止卫生商业化。这个问题也需要"算法"[ROU 13]思考。虽然大数据的发展借鉴了一个本应赋予个人权力的透明度概念,但数据收集技术实际上威胁到了公民权力。大数据正在启动一种新的可见性机制,将其作为一个中立的目标,它为了使机械器件能够发挥其功能作用而取消了可集中协商的中立观点,同时产生了不可能协商的若干准则。

这就是为什么连接对象成指数发展的原因,就像纳米技术和生物技术一样,涉及"重新定义民间和技术社会之间的关系"问题[JAR 14,第 327 页]。在大数据世界中,对人类和个人身份的未来进行反思似乎是必要的,因为在生物技术的发展进程中仍有可能对其提出质疑。这些技术仅用于商业目的,但通过纳入人体隐私技术的发展,最后可能以控制社会而告终。在医疗保险私有化的背景下,连接对象可能导致生物和医疗方法的商品化,这对我们体质较差的人是有害的。

大数据的发展也成为营销方面的一个挑战,因为它允许追踪网络上的消费,并能预测消费者各种可能的行为。这种情况对大型工业技术集团来说是一件好事，它会导致一种新的自愿服从形式，在这种形式中，个人成为个性化营销的工具。

在卫生领域大量使用连接对象所引起的伦理和社会问题是多方面的。首先要考虑"泛药"的发展——这是 Nicolas Postel Vinay（Hôpital Européen Georges Pompidou，巴黎）博士提出的术语，指的是"根据用户对多次、多地点自愿收集的健康数据的接收和分析，可能采取的医疗做法"[①]。这个新词强化了这样一个事实，即这种做法是追随着普适计算的脚步，在传统的体制框架（如咨询室或病房）之外发展起来的。我们不能否认，"连接健康"的发展是社会、技术和政治经济三重演变的结果，表现在以健康或福祉为导向的连接对象市场闪电般的快速扩张。然而，这一发展不能只掌握在该部门的制造商手中，它需要由医生、医疗保护机构、病人数据管理公共机构，以及病人本身监督。所有这些都必须由涉及公共政策领域的卫生部门在数字转型中加以考虑。议会发表的白皮书提出了两个主要问题。医生们坚持要求询问："这些应用软件在多大程度上可被视为医疗器械？我们是否须就保护所收集的资料制定具体的规则？"[②]。我们还可以通过询问"谁将是数据保护的担保人"来问这句问话。谁能访问它，出于什么目的？这种质疑指的是规范病人资料流通的问题，这涉及所有参与病人护理过程的医疗参与者（医生、病人、公共机构和私人机构）。因此，这需要重新思考法国的社会聚合模式，考虑如何通过使用连接对象和移动健康应用软件来改变医生与病人之间的关系。

6.4.2　由连接对象和移动健康应用软件转变的医患关系

通过连接对象和移动健康应用程序，医生与病人之间的交流是通过数字接口来实现的，并且病人数据在医疗领域之外进行交流，特别是使用数字化医疗文件并通过网络共享的情况下。患者成为信息服务的消费者，这深刻地改变了他们与医疗专业人员的关系，也改变了与健康有关的数据产生的方式。

正如我们在本研究开始时所看到的，有必要将医疗设备与人为技术区分开来。这两种技术的协商模式完全不同。在第一种情况下，病人咨询了进行诊断的医生，医生提出了治疗建议，包括使用数字和非数字工具收集某些数据。第二

---

① Conseil national de l'ordre des médecins（2015），Santé connectée：de la e-santé à la santé connecté，Le Livre blanc du CNOM，2015 年 1 月，第 12 页。

② Conseil national de l'ordre des médecins（2015），Santé connectée：de la e-health à la connected health，Le Livre blanc du CNOM，2015 年 1 月第 11 页。

种情况是消费者主动提出诊断和治疗措施,因为他使用了人为技术和信息服务并进行了自我评估,以改变自己的身体状况。这些目标并不相同,因为医学依赖一套属于立法框架的道德准则。因此,用于保健的大数据使人们对医学的两大支柱产生了疑问:医疗保密和"为了健康,寻求最佳效益/风险平衡,以满足病人的自主权益"[GOF 13,第 101 页]。这就是医患关系是如何演变成"专业人员-客户关系",甚至是"服务提供关系"的[GOF 13,第 96 页]。

此外,越来越多的用户友好技术引发了实证主义的发展,还存在一种不需要任何人类参与就有可能做出医疗诊断的错觉,甚至觉得这比医疗专业人士诊断得更好。这就质疑了医疗专业人员科学参与的作用,同时也提出了由不属于医疗专业人员的第三人解释卫生资料的法律责任问题。当涉及病人的信息和与其沟通时,关于"健康"应用软件的医学目标,克里斯·丹西的宣传演讲中一直存在着混淆,这也是由于信息技术领域的制造商普遍倾向于要对连接对象进行医学化,或者至少要求具有保健功效。因此,有关移动健康的信息不足、不详尽,还会有另一个问题,就是不管市场可用的众多连接对象对消费者情况报得准不准,消费者还是要听取医疗专业人士的劝告和建议。这一误报信息的问题类似于农产品行业中的营养食品进入医药市场,把这些食品当作可提供健康益处性质的药物进行推销。

数字设备在卫生领域的应用"可成为一个人与其医生之间合作的有效资源,更广泛地说,是与监督医疗保健的医疗专业人员之间的合作"[CON 15,第 33 页]。然而,医生比以往任何时候都更有必要参与数字医疗设备的构思和建造,代表病人的社会利益反思卫生数据的管理,与公共机构和私营机构对话。这还需要为医生和病人提供数字教育,使社会更普遍地回到数字素养和数字人文问题上来。一方面,需要在其课程框架内对医生进行使用数字医疗设备(包括连接对象和移动健康应用程序)的培训。为了病人的利益,培训必须不涉及工具,而必须涉及将道德和专业标准纳入医疗实践本身。另一方面,这种数字教育也涉及病人,必须鼓励他们"在促进使用中要尊重权利和自由、保密和保护个人资料"[CON 15,第 34 页]。

因此,在许多情况下,连接对象和移动健康应用软件可成为对健康咨询有益的社会补充,涉及"监测代谢紊乱,如糖尿病,为减肥而设计的饮食,辅助治疗教育,自主行动的支持或维护,监督身体和体育活动"[CON 15,第 34 页]。然而,有必要限制"一个'适当使用'的框架,这就是在医生和病人之间,当将其纳入护理和治疗领域时,应用程序软件或连接对象应使用适当"[CON 15,第 34 页]。这就是为什么医生和更多的保健专业人员需要解决相互关联的健康问题,以便提供适合他们和病人需要的解决方案。这个社会项目设想"实现双重评价,把使用价值和医疗经济价值结合在一起"[CON 15,第 33 页]。尽管随着通信对象和数字接口使用的发展,医生与病人交流的中介越来越多,然而,数字中介必须以人的调解为基础,将医疗专业人员置于如何使用这些新设备争论的核心。

6.4.3　考虑医生和医护人员观点的必要性

在法国①和国际②上发表的若干报告和调查表明,卫生专业人员对联网和移动健康的发展日益关注。这些对话已经提出了对医生和病人群体使用数字设备分析的方法,其中还提出了一些具体的建议。我们认为这些建议很重要,值得考虑。连接对象和健康应用程序可为病人和医生提供服务,要对这种服务需求进行深入思考,就必须听取卫生专业人员的建议。在现有的专业文献中,CNOM的建议特别有趣,因为他们综合地提出了可行的解决方案,这些方案伴随着在医生与病人关系的框架内连接对象的激增,特别是在诊所诊断的环境下。

目前,法国还没有这样一类使用证明,不承认应用程序软件和连接对象是医疗设备。此外,CNOM 建议的主要目标是更好地告知患者使用这些设备的功能和应用条件。为在使用数字设备中提供实施该教育项目的手段,CNOM 提出了6 个建议[CON 15,第 6 页和第 7 页]。第一个建议旨在界定移动健康在医患关系服务中的正确运用,这就需要定义一个道德框架,将移动医疗设备整合到医疗服务中。从这个角度来看,第二个建议强调了"关注连接健康技术的伦理使用"的必要性,要吸引人们对基于病人数据价值化的经济模式的关注,并要关注威胁到国家团结的风险。第三,当涉及连接健康设计师和制造商时,CNOM 建议"促进适当的、渐进的、欧盟的监管",并由独立于行业制造商之外的专家进行科学评估。第四,必须指出应用程序和相关连接对象必须达到一定数量的标准才能被承认为医疗设备,这既包括监管的挑战,也包括设备之间的互操作性。第五,对于病人来说,移动健康面临的主要挑战是"发展数字文化素养",特别是在个人数据保密和保护方面要掌握数字设备的先进功能,它还包括发起一项"国家电子卫生战略",现在指的是移动健康战略涉及法国和欧盟卫生领域的政治决策者,目的是澄清卫生数据的管理,尊重公民个人资料的机密性,并尊重他们同

①　在法国范围内,我们可以举出两份特别报告,是关于医生使用数字设备情况的:"Usages Numériques en santé:2ème baromètre sur médecins utilisateurs de smartphone en France",Observatoire Vidal,2013 年 5 月,和"Baromètre annel Sures les usages des Professional nels de Santé",CESSIM-Ipsos,2014 年,一项涉及 2800 名医生和药剂师的研究。

②　在国际范围内,OMS 已经参与了移动健康领域的工作,出版了"m-Health new horizons for health through mobile technologies",《全球电子健康观察系列》第 3 卷,OMS,2011 年。

意使用这些资料的意愿。第六,要求我们考虑到数字设备不是作为目的,而是作为一种方法,使人们能够更好地获得护理服务、提高治疗质量、提高病人的自主性。它明确强调必须在公共政策参与者、医生和病人之间展开辩论,他们必须参与关于使用健康数据的审议工作。

然后,考虑到用户(特别是医生和病人),要鼓励采取一种定性方法和研究形式,为适合于移动健康项目每一个利益相关者提供所需的解决方案。

6.4.4 基于传播与设计创新人类学,设想移动健康技术实现的其他途径

交互设计的人类学方法有助于对只注重技术或经济创新主导交互设计的模式进行批判性反思。这种方法构成了一种建设性的"技术批判"[JAR 14],用于在卫生领域提供可选择的数字技术模式。数字技术如被确认为"新"技术,就必须是交互设计的人类学方法,这样才有助于对只注重技术或经济创新主导交互设计的模式进行批判性反思。必须将数字技术认定为"新"技术作为社会技术和政治手段加以分析。从这个角度来看,人类学家 Lucy Suchman 的作品为研究提供了一个有启发性的途径,强调了采取何种方法的必要性,具体来说,这种方法要考虑到人、数字接口和环境之间的交互质量。在一篇关于人类学和数字设计之间联系的文章中,Lucy Suchman 坚持认为有必要发展一种"批判型设计人类学,它有助于一种关键实用技术的出现"[SUC 11,第 16 页]。从这个角度来看,分析连接对象和健康应用程序是相关的,智能机器是人类社会实践的一部分,也是社会实践的具体化形式[SUC 11,第 8 页]。这种方法可以考虑到用户与他们的物质产品和社会环境之间的交互,将环境视为一种情景性的中介,在提供给用户的体验中,扮演着与技术中介同样重要的角色。

因此,运用传播与设计人类学对人机交互进行分析,有助于对"人类生态学"的反思,将其理解为人类与其环境相互作用的总和,这种作用既有自然的,也有人为的,并且是同时发生的[FIN 15],包括在社会和数字创新领域中的概念、方法和工具的发展也是如此。为了分析数字设备、用户及其环境之间的相互作用,有必要考虑到这样一个事实,即连接对象如同计算机一样,是物理化身并融于环境之中,并以这样的一种方式,使它们的能力和极限性能依赖于物质基础、环境状况[SUC 11,第 7 页]。传播人类学的作品对于数字健康技术的设计很感兴趣,特别是有可能回到 Erving Goffman 的交互惯例作品中,在卫生联网的情况下,数字技术已经大大改变了这一状况。本研究者提出的框架概念对于重新思考医患关系、患者与自己健康数据之间的关系、病人与卫生机构之间的沟通都是有意义的。这是对互动惯例的深入定性分析,也就是咨询,将有可能在医疗

办公场所的空间内提供新的设计形式，更适合由数字接口界面的通信，以及有必要为患者提供在使用数字医疗设备时的治疗教育。

因此，移动健康部门基于对数字设备占主导地位采取一种批判性方法，开展跨学科研究似乎是明智的，能够从社会和环境的角度促进对创新数字技术的反思和构想，这一观点植根于信息生态学问题。人文科学和社会科学的研究人员需要在医学专家的帮助下参与这一思考，目的是参与其他模式数字技术研发和移动健康领域的交互设计。

对当前技术路径的相关批评和恐惧可以看作是信任危机的表现，需要在企业、公众和世俗势力之间建立对话机制[JAR 14]。设计被理解为一门工程学科，是一种相关的方法，它是对信息和通信科学批评理论的补充。以人为中心的方法（设计）需要组织这样一种对话，这一对话关系到每个公民所关心的重大议题。即使是考虑到实际应用起着重要的作用，以人为本的设计并不局限于以用户为中心，它还研究如何保证人的尊严，以及他们在不同的社会、经济、政治和文化环境中的生活方式[BUC 01，第 35 页]。在这方面，很明显，设计的质量不仅取决于运用的技术或审美眼光，而且最重要的是取决于技术方面的道德和智力目标，这一目标也是以技术和艺术技能所指向的目标[BUC 01，第 26 页]。在这方面，利益相关者（医生、病人、公共卫生机构和私人卫生机构）共同设计将有可能提供适合特定文化特征的解决方案（包括本地的和国家的），并能够考虑到使用者的需要，考虑到社会、经济和道德方面的需要。因此，这种通过传播与设计人类学的技术方法，使得从技术创新逻辑走向社会创新的逻辑成为可能。

社会创新是今天在科学辩论中又重新出现的一个概念，尤其是在设计领域。这个概念并不真正是新出现的，因为设计的中心问题是探索如何提高世界的可生存性。它重新连接了设计的本质，被理解为是一门工程学科，特别是在 Bauhaus、Victor Papanek 作品或 Alain Findeli 的展示中都说明了这一点。目前，已经有了关于社会创新的几个定义，而且自从 21 世纪初以来，这个领域一直存在争议。尽管如此，我们仍然可以注意到社会创新的 3 个共同特征[VIA 15]。它们不是商业性的，有共同的利益，因为其受益者是大家，它们是以回应社会需求为目标而创建的。它们依靠新的管理形式，受益人以参与者的方式参与其中，这就改变了社会关系。在这方面，社会创新包括社会政治层面，承认个人和社区进行规划和行动的权力。它需要重新思考传统的项目管理方法，尤其是由于共同设计方法的要求，要让工业和经济部门以外的新参与者参与进来。

设计中的社会回归似乎首先表明了某些研究人员和设计师希望脱离工业设计，成为社会创新逻辑的一部分，这是根植于当代社会的问题。事实上，设计对社会创新的思考与可持续发展的思考是联系在一起的，与我们生活在超现代社会中的现实转型相关。正如 Ezio Manzini[MAN 07]所强调的，设计的使命是支持这样一种方式，在这一方式下，人们重新定义了他在自我主导或集体项目中的存在。因此，设计师的作用是创造有利于协同工作的条件，以支持社会和社会变革的进程。

因此，社会设计创新与技术创新的显著区别在于依靠横向、参与性的动态研究，将个人的关注、个人的愿望放在中心位置。这种形式的研究位于观察研究和介入研究的边缘，同时密切观察现有装置的使用情况，并提出新的构想，以适应项目利害关系各方的需要。Alain Findeli 特别提出了一种称为"项目研究"的设计研究模型[FIN 15]，这项研究是在构成该研究领域的设计项目框架内进行的。在设计方面的项目研究特别令人感兴趣，因为它有助于对其他形式的数字技术进行反思，这些技术服务于移动健康领域的医生和病人的需要。在人文科学和社会科学的十字路口，这种设计同时还使人们能够想象数字带来的不仅仅是技术上的转变，而且也包括社会、文化和交流上的转变。

因此，社会创新、数字创新与设计方面的项目研究，有助于对只关注技术或经济创新的数字设计主流模式进行反思，最重要的是，在为共同利益的服务中，还有其他数字技术和交互设计途径出现[GRA 13]。所以说，社会创新和数字创新表现为"一种协作创新，其中创新者、用户和社区在数字技术的帮助下协作，目的是共同创造知识和解决方案，以满足广泛的社会需求"①。因此，社会创新和数字创新是健康领域通过设计重新思考信息生态的恰当途径。

从这个角度来看，我们可以设想在人文科学、社会科学、医学科学、工程科学和设计科学的交叉处发展一个跨学科的研究项目，有助于对移动健康的反思及其概念的发展。该方案的目标将被加倍扩大：一方面，它将涉及对连接对象的使用（和误用）以及在移动健康领域的专门应用的研究；另一方面，利用项目研究为从概念上整合伦理和社会层面的数字设备的发展作出贡献。从行业内不同利益相关者共同设计的逻辑出发，将涉及启动医生、病人、公共和私人机构之间的协作设计。数字设计问题与公共政策设计问题相联系，一旦研究和生产的设备来自公共卫生政策，就需要对其进行质疑，以便进行更新。在用户方面，该项目还有助于通过数字和人工调解为患者开展治疗性教育的开发。一方面，通过观察数字接口和连接对象如何改变医生与病人之间的关系；另一方面，通过基于以人为中心的设计理念，提供新的数字工具。介入研究作为健康领域使用连接对象和数字接口的观测研究的一种补充，它的目标是通过对数字设备的测试，以满

---

① 2014 年，欧洲数字社会创新项目的研究人员提出了社会创新和数字创新的定义：http://content.digalsocial.eu/about/。

足利益相关者的需要,这些利益相关者就是医生和病人,他们可以为寻找解决方案做出贡献。该研究计划将包括 3 个阶段的研究(定性研究、概念研究、实施),通过阐述理论和经验数据,由移动健康项目的受益者为他们自己有效地构想和生产一种数字设备。这种类型的项目研究最终将有可能将数字医疗设备的作用置于一个更全球化的教育和预防系统中,人不再是其关注的中心。

6.5　结　　论

总之,克里斯·丹西关于移动健康和量化自我之间的促进性演讲存在着一种模糊性。量化自我中使用的便携式信息技术属于这一信息技术的延续,并纳入到人类技术中。为了回应这一问题,我们可以说,连接对象和量化自我的应用将其关系转化为身体及其身体的表现形式。身体实际上变得可量化、透明、可读。因此,量化自我和物联网将身体转化为一个网络资源。从批判性的角度来看,我们可以提出这样的问题:身体和所有存在的事物是否可以归结为数据和"信息行为"的总和[PUC 14]?

分析克里斯·丹西对连接对象的运用,使得我们有可能理解信息技术和交互设计领域的主流意识形态。这一意识形态借鉴了一种面向跨文化主义和情感交互设计的技术形象。它也是 20 世纪 90 年代初在美国开发的普适计算项目的一部分。它还借鉴了泛灵论和拟人化的图像,以及界面,人类和环境之间的共生关系,预测了技术的结合。

我们的行为和计算机数据在私生活中的这种沉浸,必须放在由屏幕倍增和我们的时代所创造的"完整愿意"中[WAJ 10],这是我们当前时代精神的象征。在追求完全透明的过程中,我们可以批判性地考虑大数据的未来:"我们是否认为这条技术路径是一种社会演进呢? 难道每个公民的梦想都是把自己的身体变成一个连接对象,变成一个统计机构,一个可以提供开放数据的网络资源,或者甚至是一个应用接口(API)?"最近,控制自己数据的极端体验导致克里斯·丹西遭遇了一场真实的身份识别危机:正如他在最近的采访中所解释的那样,他"被自己的数据所吞噬"[RIC 16]。

此外,除了对克里斯·丹西的案例进行分析外,我们还在本章的最后部分提出了与数据管理相关的伦理和社会挑战。这就需要重新考虑社会对移动健康的支持,这是法国医疗体系的一个显著特征。

我们还试图通过对移动健康部门以技术为主导的批判性分析,来解释沿着项目研究的发展方向,开发一种参与性研究方法是必要的[FIN 15]。这将使人们有可能解决医生和病人目前存在的问题,主要是由于医患之间的关系因连接对象的剧增发生了变化,目的是提供替代的解决办法。

在专门从事健康工作的便携式信息技术领域,还可以设想其他途径[GRA 13]。一个值得探讨的有趣途径将是"为改变'人性'和行动机制(政治、社会、教育)扫清理想之路"[GOF 13]。在以人为中心、面向社会创新的设计逻辑中重新思考移动应用程序和连接对象,似乎是一个有意义的研究方向。因此,人文科学和社会科学的研究可以考虑到用户的需要,用户又被认为是公共健康项目的利益攸关方,从而有助于发展具有社会创新意义的数字设备。从社会政治的角度来看,移动健康上的项目研究是一种参与性研究方法,它允许公民参与当前关于个人健康数据管理的公开辩论,这是为了在与健康保健专业人员的对话中,形成的以病人利益为中心的解决方案。

参 考 文 献

[BER 67] BERTIN J. , Sémiologie graphique: diagrammes, réseaux, cartes, Mouton, Paris, 1967.

[BEY 12] BEYAERT-GESLIN A. , Sémiotique du design, PUF, Paris, 2012.

[BON 15] BONENFANT M. , PERRATON C. , Identité et multiplicité en ligne, Presses Universitaires du Québec, Montreal, 2015.

[BOU 02] BOULLIER D. , "Objets communicants, avez-vous donc une âme?", Les Cahiers du numérique, vol. 3, no. 4, pp. 45–60, 2002.

[BUC 01] BUCHANAN R. , "Human Dignity and Human Rights: Thoughts on the Principles of Human-Centered Design", Design Issues, vol. 15, no. 3, p. 35, 2001.

[CAR 05] CARDON D. , A quoi rêvent les algorithmes?, Le Seuil, Paris, 2005.

[CAT 16] CATOIR-BRISSON M. -J. , CACCAMO E. , "Métamorphoses des écrans: invisibilisations", Interfaces numériques, vol. 5, no. June 2, 2016.

[CAT 12] CATOIR M. -J. , LANCIEN T. , "Multiplication des écrans et relations aux médias: de l'écran d'ordinateur à celui du smartphone", MEI, no. 34, pp. 53–65, 2012.

[CEN 14] CENTRE D'ETUDES SUR LES SUPPORTS DE L'INFORMATION MEDICALE, Baromètre annuel sur les usages digitaux des professionnels de santé, CESSIMIpsos, 2014.

[CLA 14] CLAVERIE B. , "De la cybernétique aux NBIC: l'information et les machines vers le dépassement de l'human", Hermès La Revue, no. 68, pp. 95–101, 2014.

[COM 09] COMYN G. , "La e-santé: une solution pour les systèmes de santé européens?", Les dossiers européens, no. 17, May–June 2009.

[COU 15] COUTANT A. , STENGER T. (eds.), Identités numériques, L'Harmattan, Paris, 2015.

[CNI 14] CNIL, "Quantified-Self, m-santé: le corps est-il un nouvel connecté?", CNIL, available at: http://www.cnil.fr/linstitution/actualite/article/article/quantified-self-m-sante-le-corps-est-il-un-nouvel-objects-connecte/, 2014.

［CON 15］CONSEIL NATIONAL DE L'ORDRE DES MEDECINS, Santé connectée: de la esanté à la santé conectée, CNOM White Paper, January 2015.

［CUK 14］CUKIER K., MAYER-SCHÖNBERGER V., Big data: la revolution des données est en marche, Robert Laffont, Paris, 2014.

［DEM 02］DEMASSIEUX N., "Au-delà de la 3G, les communicating objects", Les Cahiers du numérique, vol. 3, no. 4, pp. 15-22, 2002.

［DEN 05］DENI M., "Les objects factitifs", in FONTANILE J., ZINA A. (eds), Les objects au quotidien, Presses Universitaires des Limoges, 2005.

［FIN 15］FINDELI A., "La recherche-projet en design and la question de recherche: essai de clarification conceptuelle", Sciences du Design, no. 1, pp. 43-55, 2015.

［FLO 90］FLOCH J.-M., Sémiotique, marketing and communication, PUF, Paris, 1990.

［GAU 00］GAUDREAULT A., MARION P., "Un média naît toujours deux fois…", Sociétés et Representations, no. 9, pp. 21-36, 2000.

［GOF 13］GOFFETTE J., "De l'humain à l'humain augmenté: naissance de l'anthopotechnics", in KLEIN-PETER E. (ed.), L'humain augmenté, CNRS Editions, Paris, 2013.

［GOF 06］GOFFETTE J., Naissance de l'anthopotechnie: De la biomédecine au modelage de l'human, Vrin, Paris, 2006.

［GRA 13］GRAS A., Les imaginaires de l'innovation technique, Manucius, Paris, 2013.

［JAR 14］JARRIGE F., Technocritiques: du refus des machines à la contestation des technosciences, La Découverte, Paris, 2014.

［LAM 14］LAMONTAGNE D., "La culture du moi quantifié-le corps comme source de données", ThotCursus, available at: http://cursus. edu/article/22099/culture-moiquantifie-corps-comme-source/# . U _ dcR0sQ4b8, 2014.

［LAN 10］LANCIEN T., "Multiplication des écrans, images et postures spectatorielles", in BEYLOT P., LE CORFF I., MARIE M. (eds), Les images en question, Cinéma, télévision, nouvelles images, PUB, Bordeaux, 2010.

［MAN 07］MANZINI E., "Design Research for Sustainable Social Innovation", in MICHEL R. (ed.), Design Research Now: Essays and Selected Projects, Birkhäuser, Basel, 2007.

［MAN 15］MANZINI E., Design, When Everybody Designs, an Introduction to Design for Social Innovation, MIT Press, Cambridge, 2015.

［MER 13］MERZEAU L., "L'intelligence des traces", Intellectica, no. 59, pp. 115-135, 2013.

［MIC 15］MICHAL-TEITELBAUM C., "Big Data et Big Brother. Données et secret médical, vente de dossiers médicaux aux sociétés privés et médecine personnalisée", available at: http://docteurdu16. blogspot. fr/2015/04/Bigdata-etbig-brother-donnees-et. html, 2015.

［MOR 62］MORIN E., L'esprit du temps, Grasset-Fasquelle, Paris, 1962.

［MPO 13］M'PONDO DICKA P., "Sémiotique, numérique et communication", RFSIC, no. 3, 2013.

［NOR 12］NORMAN D., Design émotionnel, De Boeck, Brussels, 2012.

［OMS 11］ORGANIZATION MONDIALE DE LA SANTÉ, "Health New Horizons for Health Through Mobile Technologies", Global Observatory for eHealth series, vol. 3, 2011.

［OMS 46］ORGANIZATION MONDIALE DE LA SANTE, "Définition de la santé, Préambule à la constitution de l'OMS" Conférence internationale sur la Santé, New York, United States, June 19–22, 1946.

[PAP 85] PAPANEK V., Design for the Real World: Human Ecology and Social Change, Academy Chicago Publishers, Chicago, 1985.

[PIN 02] PINTE J.-P., "Introduction", Les Cahiers du numérique, vol. 3, no. 4, pp. 9–14, 2002.

[PRI 02] PRIVAT G., "Des objets communicants à la communication ambiante", Les Cahiers du numérique, vol. 3, no. 4, pp. 23–44, 2002.

[PUC 14] PUCHEU D., "L'altérité à l'épreuve de l'ubiquité informationnelle", Hermès La revue, no. 68, pp. 115–122, 2014.

[REN 14a] RENUCCI F., "L'homme interfacé, entre continuité et discontinuité", Hermès La revue, no. 68, pp. 203–211, 2014.

[REN 14b] RENUCCI F., LE BLANC B., LEPASTIER S., "L'autre n'est pas une donnée. Altérités, corps and artefacts", Hermès La revue, no. 68, 2014.

[RIC 16] RICHARD C., "L'homme le plus connecté du monde s'est fait dévorer par ses données", L'Obs-Rue 89, http://rue89.nouvelobs.com/2016/06/17/ lhommeplus-connecte-monde-sest-fait-devorer-donnees-264377, June 17, 2016.

[ROU 14] ROUVROY A., "Avant-Propos-Du Quantified-Self à la m-santé: les new territoires de la mise en données du monde", Cahiers IP de la CNIL: Le corps, nouvel object connecté, no. 2, pp. 4–5, 2014.

[ROU 13] ROUVROY A., BERS T., "Gouvernementalité algorithmique et perspective d'émancipation", Réseaux, no. 177, 2013.

[SAL 08] SALMON C., Storytelling, la machine à fabriquer des histoires et à formatter les esprits, La Découverte, Paris, 2008.

[SOO 11] SOOJUNG-KIM P., "Contemplative Computing", Conférence du Microsoft Research, available at: https://www.academia.edu/635387/ Contemplative_Computing, Cambridge, United States, 2011.

[SUC 11] SUCHMAN L., "Anthropological Relocations and the Limits of Design", Annual Review of Anthropology, no. 40, pp. 1–18, 2011.

[TRE 14] TRELEANI M., "Bientôt la fin de l'écran", INA Global, no. 1, pp. 64–70, 2014.

[VIA 15] VIAL S., Le design, PUF, Paris, 2015.

[VID 13] OBSERVATOIRE VIDAL, Usages numériques en santé, Deuxième barometer sur les médécins utilisareurs de smartphone en France, May 2013.

[WAJ 10] WAJCMAN G., L'oeil absolu, Denoël, Paris, 2010.

[WEI 91] WEISER M., "The Computer for the 21st Century", Scientific American, vol. 265, no. 3, pp. 66–75, 1991.

第7章 来自福岛的推文:核事故后联网传感器和社交媒体传播

7.1 引 言

用于信息和通信的数字服务,特别是社交媒体,越来越多地被用于共享并管理核事故等灾害所需的信息。在这种特殊的情况下,受害者只能依靠监测手段来评估环境、食物和人的放射性污染。因此,测量读数对于采取措施以减少人们接触电离辐射至关重要,对监测核事故对健康的影响举足轻重。因此,在核事故发生后的情况下,重要的是能够获得监测装置和便于传播信息的工具,以便尽快恢复正常秩序。

2011年3月,在福岛第一核电站事故发生几天后,日本公民曾试图获得有关环境放射性污染的信息。在没有公共机构提供完整信息的情况下,他们普遍依靠社交媒体查找不同地区的放射性污染程度,并对实际解决办法进行评估,以确保他们的日常生活。这些数据部分是由称为辐射探测器或辐射计的特种设备提供的,并通过推特平台靠自动化程序(机器人)在互联网上传播。就是这样,辐射探测器为物联网(IoT)做出了贡献。

为了研究它们的作用,我们对核事故发生后通过社交媒体传播信息进行了研究。我们的工作是"核事故发生后使用社交媒体研究项目"的一部分,即SCO-PANUM(通过社交媒体进行核事故后危机管理的沟通策略)①。

本章在介绍物联网(7.2节)和审视社交媒体在危机局势中作用的基本要素(7.3节)之后,描述了我们的研究背景、方法和结果(7.4~7.9节)。

7.2 物联网:数字服务发展中的变迁

现在连接到互联网上的对象数量超过了在互联网上进行交流的人的数量。

---

① http://semlearn.pu-pm.univ-fcomte.fr/scopanum。

本章作者:Autonin Segault,Frederico Tajarioi,Ioan Roxin。

2003 年,人口超过 63 亿人①,约有 5 亿个连接对象②,相当于每人不到 1 个连接对象。到 2010 年,当时的人口约为 68 亿,互联网生态系统包含了 125 亿多个连接对象③,这大约是每人 2 个连接对象。对 2020 年的预测表明,76 亿人将共享大约 400 亿个连接对象④,这个比例为每人 5~6 个连接对象。这一比例甚至可能更高,因为在 2015 年,有一半以上的人口(57%)还无法正常上网⑤。

这些数字表明,一种特定类型互联网服务的发展发生了重大变化,称为物联网(IoT)⑥。这些服务与连接到互联网上的对象之间交换数据,并使这些数据能够传播到这些设备的用户那里。这种转变不是技术突破的结果,而是许多因素的趋同,例如移动设备(智能手机、平板电脑)的普及,带宽的提高,无线连接的扩展,以及将微电子元件集成到尺寸较小的物理物体中和它们具有产生和传输数据的能力[VER 14]。

每一个连接的对象(包括其用户标识)都是互联网的组成部分[XIA 12],因此,扩展了计算普遍性的概念[WEI 91]。在这方面,应用程序编程接口(API)允许不同的数字服务自由地访问其他服务提供的数据子集,从而混合了异构数据(混搭数据)并为用户构造了新的有用表达方式[END 13]。

由于连接到互联网的移动设备和装有传感器的物理设备的普及,物联网的数字服务使得实时控制态势成为可能,随时向用户提供丰富的信息和诸如社交媒体等其他互联网服务。

物联网的对象很多,与人类生活的许多方面有关,例如家庭自动化(当安装在气象站上的传感器发出信号时,所涉及地理区域内所有房屋的百页窗就会放下[END 13])、计算机辅助驾驶汽车(车上的导航仪实时提供可供选择的航线,且考虑到了其他联网车辆发送的交通数据[ZAN 14])。

---

① http://www.census.gov/population/international/data/worldpop/table_population.php。

② 《Forrester CEO 预测网络服务风暴》(2003 年),查询时间为 2016 年 2 月 26 日,http://www.computerweekly.com/news/2240049850/Forrester-CEO-forecasts-web-services-storm。

③ 世界互联网统计,《使用和人口统计》,http://www.internetworldstats.com/stats.htm。

④ Sorrell S(2015),《物联网》,Juniper 研究报告,查询时间为 2016 年 2 月 26 日,http://www.juniperresearch.com/document-library/white-papers/iotInternet-of-transformation。

⑤ 《2015 年宽带状况:宽带作为可持续发展的基础》,数字发展宽带委员会、国际电信联盟(国际电联)和联合国教育、科学及文化组织(教科文组织)的报告。

⑥ 虽然文献[GER 99]已经使用了这个概念,但在福布斯杂志的一篇文章中,物联网这个词还是第一次出现。Schoenberger C R,《物联网》,2002 年 3 月,由 Kevin Ashton 推广(麻省理工学院汽车识别中心)。2005 年,国际电信联盟出版了文献[INT 05],随后举办了关于"物联网"的第一次国际会议[FLO 08]。

我们的研究涉及一种被连接的物体，它是一个被赋予放射性传感器的物理
设备(图 7.1)。

图 7.1　连接的辐射探测器(Poket Geiger™4 型)

辐射探测器属于保护公民的设备[ROS 14]，一旦连接到互联网，它可以为
核事故的幸存者提供有用的信息。

7.3　社交媒体与灾难中的信息传播

社交媒体服务是指在互联网上提供的数字服务(如 YouTube、Facebook、推
特等)，使用户能够通过公布、转发和共享方式，使用户自由、大规模地传播信
息。由于这些服务，任何用户都可以自由地创建公共或配置私有文件，管理连接
其他用户配置文件的连接列表，并浏览这些列表[BOY 08]。因此，由于移动技
术的支持，每个社交媒体用户同时成为信息的实时发布者、传播者和消费者
[BRU 08]。例如，2013 年，75%的推特用户通过移动设备[LUN 13]可以访问他
们的推特账户。

在推特上，信息的传播不仅由实际用户确保，而且还通过称为机器人的自动
化程序来确保，这些程序产生了很大一部分信息[CHU 10]。通过社交媒体 API
(如 API-Twitter)，这些机器人发布的数据随后可以由其他程序或连接对象处理
(图 7.2)。

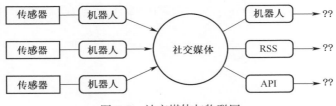

图 7.2　社交媒体与物联网

这些机器人中有一些是恶意开发的(如垃圾邮件或网络钓鱼),但另一些机器人提供了处理、聚合或重播等有趣的功能,而且还可以用于在社交媒体上自动共享由相连传感器提供的数据。例如,2008 年,植物园①的艺术家们开发了一个物联网系统,它用的传感器是湿度传感器,当植物需要浇水时,传感器会发出信息。同样,几年来@twrbrdg_itself 推特账户②(由设计师 Tom Armitage 创作)发出指示塔桥开启和关闭的信息,帮助伦敦过桥的司机(图 7.3)。

Tower Bridge @twrbrdg_itself · 10 Apr 2014
I am closing after the MV Dixie Queen has passed down riverstream.

Tower Bridge @twrbrdg_itself · 10 Apr 2014
I am opening for the MV Dixie Queen, which is passing down riverstream.

图 7.3　来自@twrbrdg_itself 账户的推文

从参与的角度来看,社交媒体、机器人和连接对象之间的融合也可以看作是促进物联网发展[KRA 10]的一种沟通渠道[ORE 05]。这种参与性姿态是灾后分享信息和允许人与人之间交流的有用杠杆。

在过去的几年里,面对危机的人们经常求助于社交媒体来分享重要的信息,并以此指导他们的行动[PAL 10]。例如,在 2007 年弗吉尼亚理工大学枪击案中,学生和他们的亲属能够通过 Facebook[PAL 09]合作并准确地识别受害者。在 2009 年美国森林火灾和洪水期间,推特用户分享了各种各样的信息,以帮助情况评估(如天气、道路状况、建议、求助请求、地理信息等)[VIE 10]。此外,某些社交媒体平台还设置了一些特定工具,如 Facebook 的安全检查③、谷歌的寻人④,以帮助用户在灾难期间获取他们所爱的人的信息。

在自然灾害或工业灾害期间和之后,社交媒体出现了一些特定的用途,目的是方便信息的传播、搜索和确证。对某些地震期间(如在新西兰、意大利等地)在推特上传播的消息进行分析表明,推特用户采用了话题标签来促进余震期间

---

① http://www.botanicalls.com/。
② http://twitter.com/twrbrdg_itself。
③ http://www.facebook.com/about/safetycheck/。
④ http://google.org/personfinder/global/home.html。

信息的传播[BRU 12b],并且地震信息的自动传播确实满足了公民的需求[COM 15]。

此外,受害者更喜欢转发信息和发布超文本链接,而不是交换个人信息[HUG 09]。由于这些协调动作,危机局势管控可以受益于高度并行的管理——同时由涉及不同的地方甚至是世界各地的人们执行(并且是分布式的)[PAL 10]。

关于通过社交媒体传播信息的研究,时间要相对短一些。尽管有关于机构如何通过社交媒体向民众提供信息的一般性建议[WHI 09],但很难预测这些信息在每一种危机局势中的使用情况。因此,我们选择阐明另一种可能的危机局势,即在核事故之后危机局势中信息的传播。

7.4 研究背景

我们对辐射事故发生后的"事故后阶段"利用社交媒体传播信息的情况进行了研究。根据公约,核事故的管理分为两个阶段:①紧急阶段,放射性物质被释放到环境中;②事故后阶段,在此期间必须对事故进行后果处理(图7.4)。第二阶段又分为两个连续的时期:①过渡时期,这一地区的污染情况还不完全清楚;②长期[COD 12]。

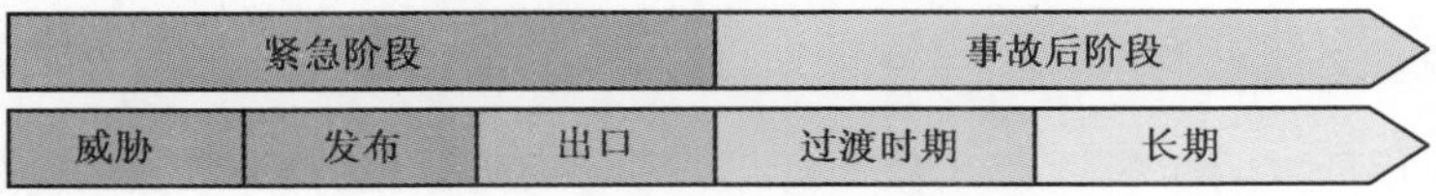

紧急阶段			事故后阶段	
威胁	发布	出口	过渡时期	长期

图 7.4 一起放射性事故的阶段划分

在这可持续几十年的第二个时期内,生活在受污染地区的人们长期曝露在低剂量的辐射之下。由于人类感官无法感知到辐射,因此只有用仪器测量才有可能评估辐射状况。因此,生产和分享这些测量仪器对于解决方案的选择、执行和监测具有决定性意义,目的是限制接触辐射的人口数量。根据测量到的辐射水平,这些解决方案从食品限制到撤离地点都有详细的办法。环境放射性是由放射性元素污染环境造成的,通常用辐射探测器或辐射计(也称为盖革计数器)来测量,辐射探测器最常用的传感器是盖革-穆勒计数管。根据这些仪器测量读数,幸存者可以决定离开或留下来重建,重建即开始了恢复的过程,包括重建物质的、心理的、个人的和社会平衡[CUT 13]。

我们研究的背景是2011年3月日本福岛第一核电站发生的事故。2011年3月11日,地震和海啸造成的故障导致大量放射性粒子释放到环境中。这一事故在国际核事件级别①（INES）上被评估为七级（最高），需要疏散100000多人［GOR 14］。

事故发生后，居民只能获得有限的关于放射性泄漏及其对健康潜在影响的测量资料［ALD 12］。然而，几天后，这一信息因为不完整被披露，民众对日本政府和东京电力公司提供的信息缺乏信心（福岛第一核电站属东京电力公司所有）［LI 14］。

因此，日本公民开始进行他们自己的放射性测量，开发无障碍测量装置，建立互助社区和信息共享（如Safecast②，Pokega③）［KER 13］。这些公民还依靠社交媒体收集日本当局分发的稀缺数据，并同公民自己测量到的数据进行汇总，从而绘制了该地区的污染地图［PLA 11］（图7.5）④。

图7.5　协同完成的污染地图

国际和日本的放射性专家和外行人，利用社交媒体分享他们对放射性测量形成的影响和动态了解，对负责危机的当局所提供数据的准确性进行评论，并讨论信息来源的相关性［FRI 11］。借助社交媒体，公民可以解读专家的专业语言，并了解如何应对污染情况。

7.5　研究目标

我们对事故后阶段通过社交媒体传播信息的形式和过程很感兴趣。我们的

① http://www.irsn.fr/FR/connaissances/Installations_nucleaires/La_surete_Nucleaire/echelle-ines/。

② http://blog.safecast.org/。

③ http://www.radiation-watch.org/。

④ http://japan.failedrobot.com。

研究重点是 2010—2014 年期间在推特上研发的一组自动程序(或称机器人)。这些程序使用微博平台上的用户账户实时共享由连接辐射探测器测量得到的环境放射性数据,这些测量数据以推文的形式定期发布,是一条短信,最多有 140 个字符,这些推文还可以包含超文本链接或话题标签(它们是由#符号标记的关键字,用于通过创建大众化分类来注释推文[PET 11]),连接到机器人的每个用户配置文件都包含描述测量系统的元数据(图 7.6)。

图 7.6　机器人的用户档案①

7.6　方　　法

我们选择研究推特平台有几个原因。首先,关于对灾害情况下使用社交媒体的研究显示了推特的主导作用[ASH 14]。事实上,这个平台提供了一个非常简单的结构,特别是能够在用户之间建立单方面的连接,而其他平台,如Facebook,则需要互连[BRU 12a]。因此,推特用户可以通过订阅系统接收来自任何其他用户的推文,而在 Facebook 上,用户必须接受和被接受另一个互连的用户。此外,从方法学的角度来看,与其他形式的社交媒体不同,推特通过编程接口(API)提供了很大一部分用户轨迹的访问。

虽然文献[GOM 10,GRU 04,LER 10,LIB 08]中曾多次讨论到"信息扩散"的概念,但并未为我们的研究提供度量标准。由于这个原因,我们已经将扩散的概念按照 3 个维度付诸实施,即机器人的普及、它们共享的测量结果的完整性,以及这些测量结果的来源。通过对推特账户的定量分析,来检验机器人的流行

---

①　http://twitter.com/NeduMP。

程度,如关注者人数(订阅账户出版物的用户)、列表(将账户列入主题列表)、转发(信息被其他用户重新分发)和收藏夹(保存其他用户发送的消息)。为了评估测量的完整性,我们着重于测量的单位、精度、装置的类型、在每条推文的内容中简单介绍测量的地点和机器人。关于共享测量结果的来源,我们验证了推特账户是否发布了原始的测量数据,也就是说,那些来自由机器人创建者管理的测量工具生成的数据,或者只是在重播其他来源产生的测量数据。

我们首先研发了一个自动共享辐射测量的推特账户列表。为此,首先通过搜索 API① 收集了包含与辐射测量单位有关的关键词的最新推文:"cpm""gy/h""μgy""ngy""usv""μSV""sv/h"。在生成这些推文的用户账户中,我们将正则表达式的搜索和手动排序结合起来,能够识别出 48 个活跃的机器人。然后使用推特的重置 API② 和流 API③ 从机器人的用户配置文件中收集大量数据,以及他们最近的 1000 条推文,具体用来计算转发和收藏数量。

7.7 结　　果

本节首先给出了机器人语料库的一般结果,然后从机器人的普及程度、测量完整性和测量来源 3 个方面详细分析机器人的作用情况。

7.7.1 综合概述

我们确定用于研究的机器人(48 个)是从 2011 年(40%,其中 15% 在 3 月份)、2012 年(30%)和 2013 年(25%)中选定的。配置文件中最常见的语言是日语(88%),时区是东京(42%),推文中包含日语字符(75%)。这些因素表明,这些信息是由流利的日语用户共享的。

发布推文的频率从 10min 到 12h 不等,但大多在 30min(44%)到 1h(31%)之间。此外,某些推特账户还用于共享来自其他类型传感器(29%)的数据,例如温度计和风速计④,或非自动推文。60% 的机器人使用了话题标签,其中最常见的是 #Radidas 和 #Mark2bot,这些我们将在下面几节中详细介绍。其他标签是指放射性(#geiger, #jp_geiger, #genpatsu⑤)和场所(#Musashino, #Ibaraki, #横

---

① http://dev.twitter.com/rest/public/search。

② http://dev.twitter.com/rest/public。

③ http://dev.twitter.com/streaming/overview。

④ 分别测量温度和风速。

⑤ 在日语中的意思是"核电厂"。

滨)。

7.7.2 机器人的普及程度

对数据的分析显示(图 7.7),从关注者数量、加入列表数量、转发数量和收藏数量来看,受欢迎程度遵循长尾分布:只有少数机器人非常受欢迎(5 个,有 1000 多个关注者),而大多数机器人只是稍微受欢迎,平均有 23 名关注者。

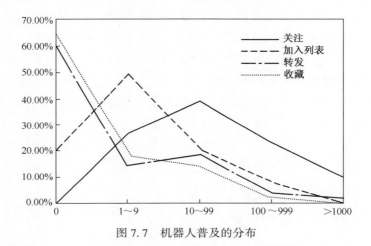

图 7.7 机器人普及的分布

此外,在福岛第一核电站事故之前和之后立即研发的机器人(2011 年 1 月,2 个;2011 年 3 月,7 个)是最受欢迎的,而后来创建的机器人的受欢迎程度要低得多,并且它们的受欢迎程度随着时间的推移而逐渐下降(图 7.8)。

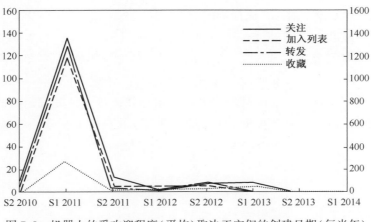

图 7.8 机器人的受欢迎程度(平均)取决于它们的创建日期(每半年)

7.7.3 共享测量的完整性

所有的机器人都通过指定的测量单位来共享辐射测量数据。最常使用的计量单位是"希沃特每小时（Sv/h）"（58%），很少用的是"戈瑞每小时（Gy/h）"（13%），还有几个机器人（21%）用两个不同的单位共享测量（采用希沃特每小时和计数每分钟），只有一个机器人使用"伦琴（R）"这种过时的计量单位[①]。

在不同的机器人之间，测量结果的精度差别很大。以希沃特每小时计量，精密度主要为1nSv/h占49%，而0.01μSv/h占44%。以戈瑞每小时计量，最常见的精密度为1nGy/h（71%）。以计数每分钟计量，精密度为0.1CPM（67%）。然而，这些统计数据没有考虑到推文中显示值的数学精度，这可能是所使用的传感器分辨率不同。只有23%的机器人（使用Radidas系统的机器人，下面将进一步介绍）明确标明了它们的精度（如±0.01μSv/h）。

在机器人的位置显示上也可以看到显著的差异。33%的机器人没有提供测量点的位置，而其他机器人提供的测量点位置（如城镇名（31%）或地区名）不那么精确。一小部分机器人（10%）没有给出测量点位置。

7.7.4 共享测量的来源

测量的来源分为原始的和转发的。几乎有一半（44%）的机器人没有说明它们共享测量数据的来源，17%的机器人明确表示转发的数据来源于官方测量机构。40%的机器人传送的原始信息来自其连接的辐射探测器。在48个机器人中，只有25%的机器人提供了所使用的测量设备的名称，其他的机器人仅能提供诸如照片或设备简介等更模糊的信息。

话题标签#Radidas和#mark2bot使我们能够识别Radidas和Mark2这两种能够发布辐射测量数据的设备，我们称之为"随时可用的机器人"，因为它们易于实现而不需要计算机科学或电子科学方面的先进知识。Radidas被27%的机器人使用，是一个软件程序，它允许共享连接到计算机的辐射探测器产生的数据（图7.9）。Mark2被8%的机器人使用，用于在推特上自动发布测量信息。

---

① http://www.nist.gov/pml/pubs/sp811/sec05.cfm。

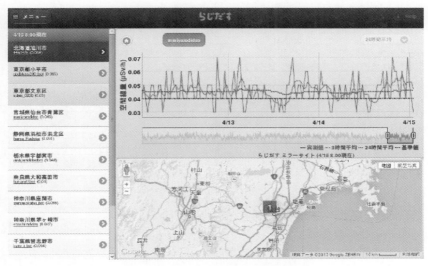

图 7.9　Radidas 软件的屏幕截图①

7.8　讨　　论

社交媒体是传播信息的重要工具,尤其是在自然灾害或工业灾害期间。我们通过社交媒体研究了福岛第一核电站事故发生后的后一阶段,对连接传感器测量信息的传播情况。我们对通过推特传播辐射测量相关信息的形式和过程很感兴趣,确定了 48 个自动发送环境放射性测量信息的机器人。我们分析了这些推文的内容,以及机器人的用户简介。为了研究机器人发送的推文,我们考虑了3 个方面:机器人的普及程度、它们共享测量信息的完整性以及这些测量信息的来源。

通过对机器人性质的分析(语言、创建日期、所属账户数目),我们似乎证实了它们在 2011 年福岛第一核电站事故后的危机局势中,对信息传播发挥了支撑作用。此外,由于很大一部分机器人传播了原始测量信息,我们认为这些工具和那些用于汇总运用测量信息的工具属于同类协作实践的产物[PLA 11]。

尽管在事故发生后的几个月里,这些推特账户非常重要,但它们的受欢迎程度迅速下降。不管机器人来自哪里,在事故几个月后研发的机器人,比那些在紧急阶段研发的得到的关注要少。这可能表明,在事故发生后的中长期内,就相关

---

① 　http://pow2p.web.fc2.com/pgnet/sample/。

人们而言,对机器人的兴趣有所下降。这种对测量和风险管理的兴趣的减少,符合核事故发生后人们有时采取的逃避和拒绝的策略[VAN 90]——降低风险感知,从而降低了应对措施的有效性,从而会增加人们在电离辐射中的曝露程度。

最后,机器人共享测量信息的不完全性影响了它们的可靠性。定位的不精确极大地限制了数据的价值,因为一个区域的污染可能在几米的距离上变化很大。缺乏关于所使用设备类型的信息也是比对数据时的一个障碍。不可能将不同来源和不同机器人的测量数据汇总起来,这对其进行核查、寻求共识和发现可能的错误也形成了障碍。这些弱点降低了推特机器人用户可以获得的信息质量,并可能误导他们的决策,影响其灾后重建。

7.9 结 论

由于物联网连接对象的作用,专门用于信息和通信的数字服务范围正在扩大。所有人类生活都参与其中,包括自然灾害或工业灾难造成的各类情况。我们提出了一项对于一个特定连接对象的研究——辐射探测器,由于传感器的作用,它能够测量一个区域的放射性强度,并在推特或其他平台上通过互联网分享测量信息。因此,该设备可以为核事故幸存者提供有用的测量信息,并确保这些测量信息的共享。

我们的研究结果为思考通信对象的设计开辟了道路,例如推特机器人适应核事故后的情况。首先,机器人受欢迎程度的下降表明,必须支持公民参与实施和传播测量信息。其次,为了达到这个目的,以下两个点似乎对我们有用:①增加现有设备所测量信息的共享,例如通过设置诸如交互式地图之类的综合工具。②安装新的连接辐射探测器,通过更广泛的传播,使公民了解由机器人共享的有关辐射测量所需的基本知识和技术,减少公民面临的障碍。

此外,测量的完整性能够提高数据的可靠性和实用性。

有两项由辐射防护专家和业余爱好者在网络上进行的调查结果表明,"辐射探测器和推特机器人"的配对有利于确保测量的完整性,前提是首先要建立元数据。我们的研究使找到最有用的元数据成为可能,对于专家和非专家来说都是如此,从而可为机器人的研发者提供参考。

随后的工作是具体地针对用户配置文件的研究,有必要建立机器人的创建者和关注者之间关系轨迹和信息流预测描述模型。不过,这项工作的初步结论将作为 SCOPANUM 项目的一部分,用于创建数字服务,帮助在核事故发生后生活在受污染地区的居民中传播信息,并可使用袖珍盖革辐射探测器。

7.10 致　　谢

本项研究是 SCOPANUM 项目的一部分。是 ELLIADD 实验室①中 CEPN②和 OUN 小组③两个团队之间的合作项目,由高级培训和战略研究委员会④和蒙贝利亚德乡委员会博士基金资助⑤。

参 考 文 献

[ALD 12] ALDRICH D. P. , "Post-crisis Japanese Nuclear Policy: From Top-down Directives to Bottom-up Activism", Asia Pacific Issues, vol. 103, no. 1, pp. 1-12, 2012.

[ASH 14] ASHKTORAB Z. , BROWN C. , NANDI M. et al. , "Tweedr: Mining Twitter to Inform Disaster Response", Proceedings of the 11th International ISCRAM Conference, Penn State, United States, 2014.

[BOY 08] BOYD D. M. , ELLISON N. B. , "Social Network Sites: Definition, History, and Scholarship", Journal of Computer-Mediated Communication, vol. 13, no. 1, pp. 210-230, 2008.

[BRU 12a] BRUNS A. , "How Long is a Tweet? Mapping Dynamic Conversation Networks on Twitter using Gawk and Gephi", Information, Communication &Society, vol. 15, no. 9, pp. 1323-1351, 2012.

[BRU 12b] BRUNS A. , BURGESS J. E. , "Local and Global Responses to Disaster: #eqnz and the Christchurch Earthquake", Proceedings of the Disaster and Emergency Management Conference, Brisbane, Australia, pp. 86-103, 2012.

[BRU 08] BRUNS A. , Blogs, Wikipedia, Second Life, and Beyond: From Production to Produsage, Peter Lang, New York, 2008.

[CHU 12] CHU Z. , GIANVECCHIO S. , WANG H. et al. , "Who is Tweeting on Twitter: Human, Bot, or Cyborg?", Proceedings of the 26th Annual Computer Security Applications Conference (ACSAC '10), Austin, United States, pp. 21-30, 2010.

[COD 12] CODIRPA, "Eléments de doctrine pour la gestion post-accidentelle d'un accident nucléaire", available at: http://post-accidentel. asn. fr/content/download/53098/365511/version/1/file/Doctrine _ CODIRPA_NOV2012. pdf,2012.

[COM 15] COMUNELLO F. , MULARGIA S. , POLIDORO P. et al. , "No Misunderstandings During Earthquakes: Elaborating and Testing a Standardized Tweet Structure for Automatic Earthquake Detection Information", Proceedings of the 12th International Conference on Information Systems for Crisis Response and

---

① http://www.cepn.asso.fr。

② http://semlearn.pu-pm.univ-fcomte.fr。

③ http://elliadd.univ-fcomte.fr。

④ http://csfrs.fr。

⑤ http://www.agglo-montbeliard.fr。

Management (ISCRAM 2015), Kristiansand, Norway, 2015.

[CUT 13] CUTTER S. L., AHEARN J. A., AMADEI B. et al., "Disaster Resilience: A National Imperative", Environment: Science and Policy for Sustainable Development, vol. 55, no. 2, pp. 25-29, 2013.

[END 13] ENDRES-NIGGEMEYER B. (ed.), Semantic Mashups. Intelligent Reuse of Web Resources, Springer-Verlag, Berlin, 2013.

[FLO 08] FLOERKEMEIER C., LANGHEINRICH M., FLEISCH E. et al. (eds), The Internet of Things, Springer-Verlag, Berlin, 2008.

[FRI 11] FRIEDMAN S. M., "Three Mile Island, Chernobyl, and Fukushima: An Analysis of Traditional and New Media Coverage of Nuclear Accidents and Radiation", Bulletin of the Atomic Scientists, vol. 67, no. 5, pp. 55-65, 2011.

[GER 99] GERSHENFELD N., When Things Start to Think, Henry Holt, New York, 1999.

[GOM 10] GOMEZ RODRIGUEZ M., LESKOVEC J., KRAUSE A., "Inferring Networks of Diffusion and Influence", Proceedings of the 16th ACM SIGKDD International Conference on Knowledge Discovery and Data Mining, Washington, United States, pp. 1019-1028, July 25-28, 2010.

[GOR 14] GORRE F., "Tremblement de terre, tsunami et accident nucléaire de la centrale de Fukushima: état des lieux des conséquences et des actions engagées trois ans après", available at: http://www.ccr.fr/-/avis-expert-fukushima-3-ans-apres, 2014.

[GRU 04] GRUHL D., GUHA R., LIBEN-NOWELL D. et al., "Information Diffusion Through Blogspace", Proceedings of the 13th International Conference on World Wide Web, New York, United States, May 17-22, 2004.

[HUG 09] HUGHES A. L., PALEN L., "Twitter adoption and Use in Mass Convergence and Emergency Events", International Journal of Emergency Management, vol. 6, no. 3, pp. 248-260, 2009.

[INT 05] INTERNATIONAL TELECOMMUNICATION UNION, The Internet of Things, ITU Report, 2005. 222112111211121 22.

[KER 13] KERA D., ROD J., PETEROVA R., "Post-apocalyptic Citizenship and Humanitarian Hardware", in HINDMARSCH R. (ed.), Nuclear Disaster at Fukushima Daiichi: Social, Political and Environmental Issues, Routledge, London, 2013.

[KRA 12] KRANZ M., ROALTER L., MICHAHELLES F., "Things That Twitter: Social Networks and the Internet of Things", What Can the Internet of Things Do for the Citizen (CIoT) Workshop at the 8th International Conference on Pervasive Computing (Pervasive 2010), Oldenburg, Germany, pp. 1-10, 2010.

[LER 10] LERMAN K., GHOSH R., "Information Contagion: An Empirical Study of the Spread of News on Digg and Twitter Social Networks", Proceedings of the 4th Int'l AAAI Conference on Weblogs and Social Media (ICWSM 10), Washington, United States, pp. 90-97, 2010.

[LI 14] LI J., VISHWANATH A., RAO H. R., "Retweeting the Fukushima Nuclear Radiation Disaster", Communications of the ACM, vol. 57, no. 1, pp. 78-85, 2014.

[LIB 08] LIBEN-NOWELL D., KLEINBERG J., "Tracing Information Flow on a Global Scale Using Internet Chain-letter Data", Proceedings of the National Academy of Sciences, vol. 105, no. 12, pp. 4633-4638, 2008.

[LUN 13] LUNDEN I., "Mobile Twitter: 164M+ (75%) Access From Handheld Devices Monthly, 65% Of Ad

Sales Come From Mobile", available at: http://social. techcrunch. com/2013/10/03/mobile-twitter-161m-access-fromhandheld-devices-each-month-65-of-ad-revenues-coming-from-mobile/, 2013.

[ORE 05] O' REILLY T., "Web 2.0: Compact Definition?", available at: http://radar. oreilly. com/2005/10/web-20-compact-definition. html, 2005.

[PAL 09] PALEN L., VIEWEG S., LIU S. B. et al., "Crisis in a Networked World Features of Computer-mediated Communication in the April 16, 2007, Virginia Tech Event", Social Science Computer Review, vol. 27, no. 4, pp. 467–480, 2009.

[PAL 10] PALEN L., ANDERSON K. M., MARK G. et al., "A Vision for Technologymediated Support for Public Participation & Assistance in Mass Emergencies & Disasters", Proceedings of the 2010 ACM-BCS Visions of Computer Science Conference, Edinburgh, United Kingdom, pp. 8:1–8:12, 2010.

[PET 11] PETERS I., KIPP M. E. I., HECK T. et al., "Social Tagging & Folksonomies: Indexing, Retrieving… and Beyond?", Proceedings of the American Society for Information Science and Technology, vol. 48, no. 1, pp. 1–4, 2011.

[PLA 11] PLANTIN J. -C., "'The Map is the Debate': Radiation Webmapping and Public Involvement During the Fukushima Issue", SSRN Electronic Journal, September 2011.

[ROS 14] ROSE D., Enchanted Objects. Design, Human Desire and the Internet of Things, Scribner, New York, 2014.

[VAN 90] VAN DER PLIGT J., MIDDEN C., "Chernobyl: Four years later: Attitudes, risk Management and Communication", Journal of Environmental Psychology, vol. 10, pp. 91–99, 1990.

[VAN 07] VANDERFORD M., NASTOFF T., TELFER J. et al., "Emergency Communication Challenges in Response to Hurricane Katrina: Lessons from the Centers for Disease Control and Prevention", Journal of Applied Communication Research, vol. 35, no. 1, pp. 9–25, 2007.

[VER 14] VERMESAN O., FRIESS P. (eds), Internet of Things: from Research and Innovation to Market Deployment, River Publishers, Aalborg, 2014.

[VIE 10] VIEWEG S., HUGHES A. L., STARBIRD K. et al., "Microblogging During Two Natural Hazards Events: What Twitter May Contribute to Situational Awareness", Proceedings of the 28th Conference on Human Factors in Computing Systems (CHI2010), Atlanta, United States, pp. 1079–1088, April 10–15, 2010.

[WHI 11] WHITE C., Social Media, Crisis Communication, and Emergency Management: Leveraging Web 2.0 Technologies, CRC Press, Boca Raton, 2011.

[XIA 12] XIA F., YANG L., WANG L. et al., "Internet of Things", International Journal of Communication System, vol. 25, no. 9, pp. 1101–1102, 2012.

[ZAN 14] ZANELLA A., BUI N., CASTELLANI A. et al., "Internet of Things for Smart Cities", IEEE Internet of Things Journal, vol. 1, pp. 22–32, 2014.

第8章 连接对象:恢复透明性

8.1 引 言

物联网的特点是以物体(对象)的扩散为特征,这些物体是能够在环境中自动捕获和交换数据的。物联网并不会在我们的日常生活中创造新物体,它对熟悉的相关物体进行转换,其目的是简化物体间转换的操作,增强它们的功能。互联网扩展到了连接对象,使其能够感知我们的环境和环境构成要素。物联网的推动者认为每个对象都是数据的潜在生产者和消费者,并且是完成预定和有限数量任务的信息工具。互联网向连接对象的扩展处在计算历史的第三个时代,即普适计算正在取代个人计算机和大型机计算机的时代。

物联网通过使连接对象适应不同的环境和用户配置文件来改变我们周围物体的状态。普适计算之父 Mark Weiser 写道:"如果一台计算机仅仅知道它在哪个房间里,它就能以各种有目的的方式调整它的行为,而不需要任何人工智能的提示"[WEI 99]。物联网赋予了物体改变自身功能的能力,它扩展了日常物品的功能,并赋予它们其他角色。带有传感器的连接对象可以控制用户的行为和活动,并行使新的监测和支持功能①。

连接对象低能耗的功能,提高了它们的自主性。自主性是一种相对于某种使用情况逐步获得能力的特性,它是由原始数据构建的,这些原始数据被定期收集、组合,并在远程服务器上进行分析。连接对象的自主性使其能够为设计者提供前所未有的服务,并提供新的生活体验,这些体验不需要直接或有意识地与数字接口进行交互。它有可能在连接对象设计中使对象通过完全透明和不为用户肉眼所看到的方式与环境融合。

在本章中,我们分析透明性,这似乎对普适计算和物联网的倡导者有指导作用。连接对象的透明性是通过它们的数字接口和交换数据流的准隐性来表达

---

① 举例说明,诸如"连接手镯"这种活动跟踪器,通过监测不同的参数(如光的强度、睡眠深度和快速眼动睡眠)可以测量我们的努力程度或睡眠质量。

本章作者:Florent Di Bartolo。

的。它是通过支持其商业化的图像形成的，并以虚幻的形式呈现的产物。感知这些对象是困难的，因为其操作模式不透明，混淆已成为一种合法的信息管理策略，这就限制了人们对其重要性的关注。

8.2　敏　感　对　象

20 世纪 90 年代，Richard Grusin 和 Jay David Bolter 已经从不透明性和透明性的角度探讨了超媒体对象的存在模式。不透明的概念并不是指对技术对象的运作缺乏明确性[BOL 00]。不透明度被用来表示一个界面通过吸引用户的注意力而达到可感知、可理解的程度。用这两位研究人员的话来说，超媒体对象经常在透明和不透明之间波动：它们的控点不断受到质疑，被它们的界面打断，这些界面通过它们的表格元素提醒我们它们的存在，但也有偶然的经历。

Richard Grusin 和 Jay David Bolter 将透明的即时性描述为数字接口所具有的准不可见性。阅读浏览支持对即时逻辑的响应，即时逻辑要求它们擦除自身，让我们独自呈现在事物面前[BOL 00]。Diane Gromala 和 Jay David Bolter 在第二本题为《视窗和镜子》的书中回到了对透明度的探究[BOL 03]，他们认为，对人机交互专家（如 Don Norman 和 Jakob Nielsen）而言计算机只是一种信息设备。

研究第一批虚拟现实设备[HOD 94]的科学家已经清楚地表达了让界面不可见的愿望。不管它们的大小和重量，虚拟现实设备的目标是着力将我们固定在另一个现实世界中，通过身临其境的体验，使我们远离技术对象。基于一种存在的感觉，它将我们从我们所生活的世界中推开，并暂时将我们融入另一个世界。目前对虚拟现实外围设备（Oculus Rift，PlayStation VR，HTC Vive）也有着同样的期望。他们回收利用与第一个虚拟现实环境相关的图像，邀请用户在周边设备的帮助下体验另一个世界，同时这些设备已经变得不再那么累赘。但是，仍然没有完全和绝对地避免"虚拟现实疾病"，通常会影响到这些设备的使用者，表现为头痛、恶心甚至呕吐[LAV 00]。

虚拟现实的外围设备并不是它们的设计者作为交互设备的要素而呈现的唯一界面，这些交互设备注定是要消失的。连接对象的情况也是如此，但是所使用的技术不同，就像目标不同一样。连接的对象通过与用户的日常环境融合而变得透明。与虚拟现实设备不同的是，普适计算并不是试图模拟一个世界，而是借助遍布我们周围且互相连接的机器来帮助"改进""丰富"和"增强"我们生活的世界[WEI 99]。这种透明并不是逐步习惯于它们普遍存在的结果，而是一种独特的存在方式的结果，在这种情况下，不可能清楚地感知到这些装置的存在，也不了解他们在接触中或与接口交互中的行动范围。连接对象的相对自主性也促进了它们与环境的集成和对自我删除的参与。在这方面,我们将试图对 Richard Grusin 和 Jay David Bolter 所述的"数字接口在透明和不透明之间波动"提出质疑。关于外围设备和应用程序,其主要功能是引导接口运行,而这些设备和应用程序基本上没有引起我们的注意。

连接对象注定要删除自己,并倾向于不太直接地与它们的接口交互。它们的行为不像虚拟现实设备,虚拟现实设备是通过沉浸或浸透来充实它们用户的视野的。它们不是想让我们忘记眼前的环境,相反,我们创造出来的连接对象及其关联应用程序通过直接从现实生活中获取数据,给了我们一个更详细的自我描述(量化的自我)和环境描述。这是 Google Fit 应用程序的具体案例,它与所有安卓佩戴设备兼容,这使得"毫不费力地跟踪任何活动"成为可能,"当你一整天步行、跑步或骑车时,你的手机或安卓穿戴手表会自动记录它们"①。把你的手机随身携带就足够了,它将自动收集与不同活动相关联的数据,如步行、跑步或骑自行车等,用户不必选择某个活动或指定其持续时间。连接对象借助一组传感器(加速度计、陀螺仪、麦克风、GPS、气压计等)收集用户的地理位置和移动数据,目的是区分一种运动和另一种运动,用户只是一个后台表演者。

连接对象已经进入了许多空间(城镇、医院、家、衣服、汽车)和活动领域,如健康、家庭自动化、时尚、艺术和军事行动。它们的用途是多方面的,就像它们的操作方法一样:并不是所有被称为"连接"的对象都连接到互联网上。它们不一定能够与它们附近的大多数微型或纳米计算机交换数据,因为它们没有使用相同的通信协议。目前,每一家连接对象制造商都试图在物联网市场上推出自己的协议。然而,大多数主要参与者似乎都有同样的抱负:设计能够简化我们的人机交互(HMI)的对象,并让他们的用户最方便。这包括删除被认为无用的交互,在美国加利福尼亚洲圣弗朗西斯科的 Moscone 中心举行的 2015 年谷歌 I/O 会议,已经展示了这些②。在这次活动中,山景城(Mountain View)公司的几个参与者向世界各地的开发者介绍了他们关于一个互联世界的中期(2020 年)愿景。在这个世界里,我们的每一项活动都受到监测,其目标是通过个性化来增强我们活动的透明性,包括与一些日常物品(如时钟、收音机、汽车等)的互动,例如我们醒来的时间是根据我们昨晚的疲劳程度自动计算出来的;当我们的交通工具有能力向我们提示他们即将到达的时候,这使我们能够合理安排下一步的动作;

---

① Google Fit-Fitness Tracking-Android Apps on Google Play. 资料来源:https://play.google.com/store/apps/details? id=com.google.android.apps.fitness&hl=en。

② Google I/O 2015. 资料来源:http://events.google.com/io2015/。

可为我们提供获取信息或娱乐的机会,如根据我们所处群体的口味和情感的特点(在乘汽车旅行、召开会议、家庭团聚时)选择音乐曲目①。连接对象将使我们在不必事先提出需求的情况下,更多地意识到周围人的存在,以及我们可能会欣赏的事件的发生(我们有可能参与),还可使我们能够获得适合我们目前情况的信息,准确地了解现状。

连接对象可逐渐获得其自主性。它们根据自动获取的数据来适应用户的行为和环境,但也基于用户输入或更正的数据。例如,Google Fit 应用程序可以修改安卓佩戴设备获取的数据,以纠正错误并提高获取信息的质量②。连接对象仍然是可以手动设置的,但不必每次使用时都执行此设置。要求用户能够评估连接对象的性能,以提高他们的品质,而不是激活或中断数据的获取。连接对象以默认的形式记录其用户的行为,如 Nest 恒温器,它根据住户的生活方式自动调节房屋的温度③。

设计者利用新模型的商业化来简化数字对象的界面,从而使数字对象的处理变得更加直观。正如 John Maeda 所证明的,这种简化可能会有不同的形态。有时会通过逐步减少提供给用户的选择,甚至为用户执行这些选择来恢复应用"合理消减"[MAE 06]。这种激进的做法促成了 iPod Shuffle 等产品的成功,在其 2005 年的商业启动中,伴随的口号是"随机是新秩序"④。通过音乐播放列表创建顺序,iPod 让用户"失控"而"热爱它"。因为它所造成的失控,随机访问在很大程度上展示了接口对数据读取方式的影响,这是从简化的交互模式中获得乐趣的一个例子:随机播放音频文件可以在他们的听众中引起一种惊喜的感觉,并做出令人愉快的安排。然而,在不严重限制用户行动自由的情况下,这种设计是无法选择的。因此,连接对象的功能是建立在它们的所有者有意识地做出选择和调整的基础上的。

连接对象适应于它们的环境。作为分布式体系结构网络的一部分,它们基于自主和集体收集的原始数据的分析来执行操作。它们的制造商使用分析模

---

① Google I/O 2015-Making apps Context aware:Opportunities,tools,lessons and the future。资料来源:http://www.youtube.com/watch? v=xgcj7VbDalk。

② Google Fit-Google Fit Support Center。资料来源:http://support.google.com/fit/? hl=fr#6 223934。

③ Nest-This is the Nest thermostat。资料来源:http://nest.com/fr/thermostat/life-withnest-thermo-stat/。

④ Apple-iPod shuffle. 资料来源:http://web.archive.org/web/20050112043302/ www.apple.com/ipodshuffle/。

型,以便能够区分不同的使用环境,从而产生新的经验。例如,应用程序智能锁①利用几个连接对象收集的地理数据来识别"可信地点",并自动对进入这些地方安全范围内的电子设备(如平板电脑和智能手机等)进行解锁。物联网允许应用程序根据已经变得更加精确的数据(如本地化数据)提出新的功能,使用户机械地执行操作。这样做,有助于减少我们对物联网连接对象及其接口的关注。

像 Bill Buxton(微软研究院的研究总监)这样的设计师的声明证明了这一点:连接对象的意图是想完美地集成到我们周围的环境中,以至于使我们完全忘记它们的存在②。它们的设计者将连接对象看作是透明的对象,以在信息与其接收者之间创造一种不经过中介而直接交互的错觉。一个新的对象、一个新的应用程序,必须能够巧妙地取代它在用户环境中的位置,以此使它们不受任何障碍的影响,有时会使技术设备的体验达到一个神奇的维度,任何调解处理的痕迹都必须消失在背景中。

8.3 透明度传奇

连接对象可以用多种形式向我们传递某个单一信息。当动态数据增加可能导致存在相同现象的视图时,连接对象的参与,可使任何形式的表达都成为临时的、容易被修改的和被变更的,而且可以通过新的表现形式来完成显示,并可以在其他支持设备上使用。连接对象开发了网络信息系统及其数据中心的能力,信息不一定会显现它的所有复杂性。相反,它可以被归结为光信号、颜色上的变化,或一种振动,就像 Julien Levesque 的艺术作品所展示的那样③,去探索物联网的诗意维度和它允许访问的数据流,就像 20 世纪 90 年代在帕罗奥图市施乐帕罗奥多研究中心的 Natalie Jeremijenko 等艺术家所做的工作一样。连接对象使获取信息的形式多样化,同时加强了信息的个性化:在默认情况下,所述信息均适用于特定的上下文和唯一的数字标识。

物联网塑造了一个透明度传奇,其特点是数据采集过程和信息筛选的自动

---

① Google Smart Lock。资料来自 http://get.google.com/smartlock/。

② Bill Buxton:"在某种意义上,一个成功的交互设计将是透明的,几乎是看不见的,以至于用户在体验结束之前几乎感觉不到什么。就像魔法一样。一个良好的交互设计也需要很好地适应周围的家电群体社会。"资料来自 https://rslnmag.fr/cite/bill-buxton-the-best-interactiondesign-is-transparent-almost-invisible/。

③ Julien Levesque-Selected Works。资料来自 http://www.julienlevesque.net/。

化和计算机化。环境逐渐成为接口,而计算过程则降级到后台,不再可见[KRA 07]。透明度传奇已经侵入了交流和消费的空间,它是由工程师、开发人员和交互设计师等参与者使用专业知识构建的,但也是凭直觉构建的,这在广告和电影中都有所描绘。透明度传奇形成于所有以技术对象的形式呈现数字技术的图像中,这些图像在我们的环境中悄然出现,在默认情况下位于我们关注的边缘。与透明度传奇有关的图像正在不断更新,它随着它所设想的社会的发展而发展。微软和苹果等公司制作的商业视频让这一传奇占据了重要中心位置。他们根据微软①在2015年制作的宣传片《生产力未来愿景》(Productivity Future Vision)中展示的那样,勾画出了它的轮廓。

《生产力未来愿景》提供了工作领域的中期愿景(5~10年):一个充满了无所不在的计算和显示屏幕的领域。屏幕随处可见,它们不再有自己的框架或厚度,在工作场所或家庭中所存在的最小物体的表面很容易被用来接收信息并与周围环境交流。在充满我们生活空间的物体之外,正是我们的住所和工作场所本身发挥了屏幕的作用,并需要它们消失、变得透明、渗透到无所不在的计算和数据流之中。每扇玻璃门、每一堵墙都是以触觉面的形式呈现出来,随时准备被激活,以对连接的需求做出反应。《生产力未来愿景》为我们提供了一个主要由连接对象而不是由人类构成的世界的愿景。在这个世界中,所有的信息都是需要和必要的,人类不过是特约演员或陪衬。简单说,这些参与者的目标只有突出流畅和无阻力的集线器管理接口,透明度传奇也是建立在这个基础上的。

透明度传奇对我们日常使用的对象和服务的设计产生了影响。它围绕着《生产力未来愿景》强调了几个主题:远程协作工作,“灵巧的私人智能体”(辅助智能),称为“自然接口”的无阻力接口,以及数据和人员的自由流通(流畅移动),这些主题对用户体验的设计最有影响。他们承诺通过使用能够隐身的技术在人与人之间进行更好的交流(为了更好地将用户聚集在一个共同的活动中),此外,还通过使用“主动”对象为用户提供选择,并能够激发各种行为:

“Kat在她的手镯上收到了Lola的邀请。她的私人智能体主动为她提供选择。她现在可以用简单的手势来接受邀请,重新安排她的日程,并预订一个空间场地来准备”。

由于使用了助理形式的私人智能体,使创造行为变得流畅(零阻力创造):讲述故事、梳理想法或挖掘数据都毫不费力,这都要归功于其支持设备,这些支持设备实现了执行任务的自动化并共享其结果。数据在连接对象之间的循环表

---

① Microsoft-Productivity Future Vision。资料来源:https://www.microsoft.com/ enterprise/productivityvision/default.aspx。

现为流动性和安全性,就像用户逐步形成对环境的自适应,以及通过标识来适应其存在的环境一样。在实验室里,当 Kat 的团队进入太空时,黑板会认出他们,它们可以自己迅速"补充"房间里的水分,然后从中断的地方继续工作。透明度传奇实际上掩盖了数字设备的重要性,而这些设备与它们所处的环境是无法明确识别或区分的。使用"云计算"一词唤起对服务器处理能力和存储能力的开发,就是围绕互联网体系结构和连接对象功能的一个模糊性例子。

连接对象的功能是不明显的。学习如何操作它们涉及到用户通过与它们定期进行交互而逐渐发现的手势。工程师和交互设计人员使用"自然界面"一词来表示在默认情况下无法察觉并在使用时保持这种方式的数字接口。触摸屏的软件界面尤其如此,其可见性降低到最低程度,因此,他们的用户将这些属于操作系统的功能属性视为对自身(便携电话、平板电脑)的支持设备。"自然界面"这个名称也被归在软件库中,这样就可以创建规避人们注意的用户界面。例如,NUI(自然用户界面)软件库提供对微软 Kinect 获取数据的访问,微软 Kinect 是一种外围设备,它允许使用声音命令、图像及运动辨识①与计算机交互。在数字艺术领域,自然界面是由 Christa Sommerer 和 Laurent Mignonneau 等艺术家从 20 世纪 90 年代开始设计的,目的是开发交互式设备,如"交互式植物生长"(1992年)和"A-田鼠"(1994 年)。"自然界面"的概念又可以追溯到"自然"执行的集线器管理接口,这意味着没有人注意到它们的存在,但"自然界面"也被用来作为物理接口的自然要素(植物、淡水流域),它们作为物理接口,淡化了其所连接的计算机系统的存在。

数字接口的透明度建立在象征模型和设计模型基础上,这些模型属于我们已经习惯的对象。这些入口模型使集线器管理接口为人们熟知,从而简化了集线器管理接口,但是,它们也有隐藏普适计算技术进步的作用,使人们无法清楚地掌握连接对象的功能,也无法提出交互的形式,这可能会从根本上改变我们的日常生活。与物联网相关的拓展技术成为我们使用的一部分,而我们无法清楚它们的全部范围。集线器管理接口的简化,不允许我们对数据流、信息的访问与可见性的形式来验证一个时代的进步。相反,它(没有大张旗鼓或破裂地)在我们的日常生活中放置连接对象的新功能,以便新的消费者能采用它们。

虽然它们试图悄悄地进入我们的生活,但相互联系的物体正在扰乱我们的生活方式,特别是在获取信息方面。连接对象通过它们对环境的敏感性和自动化能力,增加获取更多种相关信息的机会。信息不再需要积极寻求,它可

① Microsoft-Natural User Interface for Kinect for Windows。资料来源:http://msdn.Microsoft.com/en-us/Library/hh 855352.aspx。

以以通告的形式传递,例如移动应用程序的用户接收到的警报信息。推送通
知是移动平台使用的众多的机制之一,它将计划的事件通知用户,或在恰当的
时间提醒他们。获取信息不再一定是上层部门研究的结果,而是在有连接对
象的情况下采取的行动并由私营公司分析的结果。换句话说,连接对象为世
界上最大的互联网公司提供了更强的能力,并且对分析我们活动痕迹所做的
计算同样重要,对回答我们的询问也是如此①。连接对象参与了现实的创造,
他们通过提供与其身份相适应的信息以及他们目前正在接触的对象(移动电
话、平板电脑、连接的手表)来组织和引导用户。他们有能力拓宽我们的视
野,但也有能力依据他们所遵循的指标,将我们置于能够限制我们自由的"过
滤泡泡"中。

自 20 世纪末以来,伴随着连接对象的普及,发布了一些宣布网络终结的新
闻文章,宣传支持那些被认为更具吸引力和用户友好的新服务[WOL 10]。面
对提供几乎即时访问信息的大量服务,"flâneur"的图形曾经用来描述一种典型
的在线浏览信息的方式,现在已经没有意义了[MOR 12]。虽然仍可以通过超
链接浏览网页,但互联网已经成为一个主要的信息空间,它的用户在应用程序自
动生成的请求帮助下对信息空间进行询问,并用于应用程序接口(API)。应用
程序接口连接到网络信息系统数据库,直接将我们想要的或非自愿想要的集线
器管理接口结果返回给连接对象,这样我们就不用自己浏览数据库了。连接对
象的透明性不仅取决于它们之间的交互程度,还取决于它们与信息系统之间的
实时通信。

尽管物联网需要连接,但目前还没有"通用语言"允许任何物体与另一种物
体轻松通信,但是,像谷歌这样的公司正在推广操作系统和通信协议,这些是专
门设计来促进连接对象之间交互的。2015 年,山景城公司推出了操作系统
Brillo,并邀请软件设计者为通信平台 Weave 进行设计,专用于与它相连的连接
对象。在这些新服务的帮助下,谷歌希望创建一个全球范围的对象生态系统,使
用相同的协议来相互通信,并与他们的用户和远程服务器进行交互。透明度传
奇的主题(集线器管理接口的即时性、互连性、数据的流动性和对象对环境的敏
感性)被聚集出现在商业讲稿中,它伴随着这些新型服务推出,并带来分布式智

① 以改善其不同服务的质量为目标,谷歌现在正请求获得用户的许可,以记录他们的搜索活
动、他们位置的历史记录,以及源自与其连接的设备(联系人、议程、警报、应用程序、音乐、电影、书籍和
其他内容)及其声音和音频条目的历史信息记录(促进对其声音的识别和改进)。资料来源:http://
myaccount.google.com/privacy。

147

能的承诺①。

8.4 接口的透明性和过程的不透明性

连接对象因为给我们带来信息而吸引我们的注意力,这些信息的形式与特定时刻我们和我们所处环境的计算机系统图像相对应。它们在一个"相关的环境"中运作,这使得它们的存在具有相关性②,并拓展了我们与数字设备互动的宽阔空间。然而,关于连接对象那些不可思议的功能也可以这样解释:围绕着这些功能的实现还缺乏信息,缺乏它们在我们环境中所使用的技术,例如无线电识别。用户缺乏理解这些对象工作方式的系统知识,它们不再需要知道连接对象能够获取数据的数量和精度,也不必知道他们与私营公司服务器通信的安全程度和频率。如前所述,连接对象不只是获取数据,它们使用互联网将数据传输到远程机器,然后将其存档,再进行分析。

连接对象的智能性与分析和处理数据流的工作密切相关,这些数据流在很大程度上可以揭示不同社会文化现象之间的模式、趋势和意外关联。然而,这种数据获取和行为分析工作在没有相关人员的同意和控制下是无法设想的③。如果不理解连接对象的功能,并使其使用脱节,就不可能实现完全的自动化。正如Gilbert Simondon 在 1958 年所写的,对比自动机和开放式机器的特性,"真正完美的机器,我们可以说,这涉及高度的技术性,但并不等于自动化程度的提高,而是相反的,因为机器的运转有一定幅度的不确定性。正是这一缺陷,使得机器对外部信息十分敏感"[SIM 12]。连接对象的自定义是一个开放性因素,就像它们获取来自其环境的数据或考虑到相邻对象的存在一样。对 Gilbert Simondon来说,物体与周围环境产生共鸣的这种感觉是所有真正技术进步的根源。

然而,连接对象的不确定性范围也受到其操作方法的不透明性和它们所遵循的规则的强烈限制。技术对象功能演变的实施过程受到既定策略的阻碍,这些策略的目的是使技术对象更不容易被其用户所捕捉,由于缺乏可见性,就无法想象这些对象及其元素具有的多重功能。验证创新、识别设备的潜力来设想新

---

① Weave-Google Developers。资料来源:http://developers.google.com/weave/。

② 我们与连接对象可能存在交互的有效性和相关性与我们的生活空间适应它们的存在的能力密切相关,特别是考虑到它们对连通性的需求。

③ 被连接对象获取和传输数据的安全性是谷歌试图借助 Weave 来应对的一个真正挑战:一种通信平台,它保证数据的加密,并为用户提供了在描述为"粒度"级别上控制访问他们信息的方式的可能性。资料来源:http://developers.google.com/weave/。

的用途,需要一定程度的可见性。连接对象不仅需要用户设置,还要进行实践和设计,来扩展它们的范围和功能。

要理解普适计算,考虑它们的基础技术,如材料,需要投入时间来实践连接对象,正如 Timo Arnall 2009 年围绕无线电波(RFID 芯片对此做出反应)显示所做的工作那样。对于这位设计师来说,RFID 技术长期以来一直是被误解和争议的,因为它使交互成为可能,而这种交互是无形的和非自愿的:"一旦 RFID 天线隐藏在产品内部或环境中,它们就可以在没有明确目的或许可的情况下被调用或启动"①。无线电波的隐蔽性对设计师来说是一个挑战,他们必须了解其特性(尤其是形式和范围)来设计使用 RFID 技术的服务,所以它可以在集线器管理接口方面提供一些新的东西,并对用户负责,让他们有可能发现他们所接触的对象的功能。

今天,Timo Arnall 提供给无线电波的可见性在连接对象中非常缺乏,这些对象的运作很大程度上和它们的主人脱节。正如 Bruce Sterling 所写,读者可以选择他的智能手机外壳和吸尘器品牌,但两者之间的数字关系不是由他决定的[STE 14]。用户不控制对象之间交换的数据,也不控制其商业用途。Gilbert Simondon 描述的不是乐队指挥,而是技术对象社会的永久组织者,这个社会需要他的存在[SIM 12]。连接对象的用户集成了一个关系网络,它只是众多链接中的一个。连接对象间接地参与生成具有商业用途和市场价值的数据,这种用途和价值是不为它的用户所知道的。遵循 Lawrence Lessig 自 20 世纪 90 年代末以来所坚持的"最不暴露的方法"的逻辑,即私人公司要求我们与他们共享个人资料,以使用他们的服务[LES 00],今天,一些企业正在尝试定义新的契约格式,这将允许连接对象的用户收回他们的数据。一个很好的例子是 IF 公司,其数据许可证(2016 年在伦敦萨默塞特大厦展览"生活数据大爆炸"期间展出)让用户不仅定义了他们同意通过连接对象与企业通信的数据类型,而且还确定了这种分享的价格和条件:"数据许可证是一种设计引导模式,让人们控制他们的数据,让他们制定交易规则。通过回答一系列简单明了的问题,用户可以定制他们的数据许可证,以便与另一方订立合同"②。

连接对象的功能有时也由于它们所附加的专有软件而使其用户无法使用,而且其源代码仍然是难以理解的。通过禁止访问它们的源代码,专有软件阻止连接对象的用户研究它们的功能和进行修改。它们的用户对出售它们的

---

①　Timo Arnall-Immaterials:The Gost in the Field。资料来源:http://www.nearfield.org/2009/10/im-materials-the-ghost-in-the-field。

②　IF-Data Licences。资料来源:https://projectsbyif.com/project/data-License。

企业负有责任,并从他们获取的数据中获利。连接对象像黑匣子一样工作,它们的复杂性隐藏在用户友好界面的背后,使我们无法意识到它们已经将我们集成到网络。

这些过程的不透明性增加了创建"魔法对象"[ROS 15]接口的透明度,这些对象的功能是有意隐藏的,目的是让用户感到惊奇,并用那些容易产生强烈幻想的策略来给他们带来娱乐。然而,像 Timo Arnall 这样的设计师的探索性实践表明,在我们的环境中,连接对象的质量不能降低为一种环绕其用途的神奇光环,或者是设置为需要我们执行的明显而又简单的手势。连接的对象也可以被看作是工具,其连接和使用在用户的手中,在用户的行动和愿望范围内发展。把连接对象看作是开放的对象,其连接性还有待定义,这就要求我们能够作为用户来研究其功能集成的软件。

专有软件(特别是图形软件)的接口和源代码已成为艺术领域中灵感和反思的真正源泉。例如,Software Art 夸大了软件的自动化,并以某种方式破坏了软件的功能,显示了它们对我们生活的影响,就像 Adrian Ward 或 Adam Harvey 的艺术作品所展示的那样[DIB 15]。尤其是某些艺术家的作品审视了在我们的环境中连接对象的静默功能和存在。他们设计的项目更新了这些连接对象收集数据的形式和可见性,也更新了它们接收和发射的信号。

例如,2012 年,艺术家和工程师 Julian Oliver 创造了"透明手榴弹(Transparency Grenade)"。所连接的对象,如其名称所示,具有透明手榴弹的形状,可以在公共场所激活,以便拦截通过无线网络传输的数据。拦截获取的数据被自动发送到私有服务器,该服务器分析这些数据以恢复信息,如用户名、IP 地址、电子邮件片段、图像等,这样就能够识别一个人的身份①。这枚手榴弹于 2015 年 6 月在芝加哥举办的数据集展览上展出,并附有一个视频投影,展览的参观者通过名为"PublicWireless"的 Wi-Fi 网络向每个人公开了交换过程中的数据。Julian Oliver 没有为自己的目的使用这个对象,也没有为其他人提供服务器来使用它。透明手榴弹是一个关键的研究项目,它可以让我们质疑通过无线电波交换信息的安全性。利用计算机系统的弱点,对这位艺术家来说应受到谴责,但这也增加了从艺术角度表演的空间②。利用连接对象的漏洞来提供它们的接口和数据交

---

① Julian Oliver-The Transparency Grenade(2012 年)。资料来源:http://transparency grenade.com/。

② The Critical Engineer 杂志认为这种利用是最理想的展出形式。(关键工程工作组,"关键工程宣言",2011—2015 年)。资料来源:http://criticalengineering.org/en。

换新的可见性形式，这是今天许多艺术家正在走的一条道路，Ryoji Ikeda[①]、Nicolas Maigret[②] 或 Jean-François Blanquet[③] 制作的数据声纳艺术作品正是如此。

　　尽管连接对象是黑匣子，但它们的脆弱性不仅为艺术家和设计师提供了一个很好的机会，使他们选择这一机会，敞开心扉体验新的形式，也对其发起人构成了严重威胁。连接对象的低安全性几乎无法保证数据的私有性，它们似乎非常渴望捕获数据，就像巢式温控器的多重漏洞和黑客攻击所显示的那样[④]。Capgemini 咨询公司和 Sogeti 高科技公司于 2014 年 11 月对参与使用物联网开发产品的 100 家公司和初创企业进行的一项调查表明，按照设计师自己的说法，连接的对象的安全性很差[⑤]。密码防护能力低，有可能被人修改其参数，并且它们大多数与远程服务器通信的数据不加密。

　　如果没有物联网的主要参与者十分重视保护他们所创建的对象和应用程序，物联网市场就无法发展，由于新的用户群体也要采用这些，在一定程度上是基于对个人数据的获取和管理方面可能存在的信任。世界上大的互联网公司，如 Alphabet，有雄心通过建立联系来保持用户的信心，从而使用户能够理解他们同意共享的数据是如何被使用的，以及他们能够得到期望的直接利益：

　　"从 Map 软件上选择更好的通路，到 Search 软件上选择更快的结果，我们在您的账户中保存的数据可以使谷歌的服务对您更加有用……将你的搜索过程保存在应用程序上，使浏览器中搜索速度更快，并在 Search、Maps、Now 和其他谷歌产品中获得定制的体验。"[⑥]

　　物联网业务使我们的数据共享货币化，违背了他们所创建的对象和服务对环境会有更大敏感性承诺。这种连接状态的增加转化为用户体验的个性化，节省时间、获得新功能，而操作的自动化仍然是机械完成的。然而，连接对象对环

---

　　① 　Ryoji Ikeda，data.tron［WUXGA 版本］，2007 年。资料来源：http://www.ryojiikeda.com/project/datamtics/。

　　② 　Nicolas Maigret，System Introspection，2002—2012 年。资料来源：http://peripheriques.free.fr/blog/index.php?/works/2010-system-introspection/。

　　③ 　Jean-Fran ois Blanquet，"Trafic de données"，2015 年。资料来源：http://cromix.free.fr/。

　　④ 　Storm D.Black Hat：Nest Thermostat Tuned into a Smart Spy in15 Secods，Computerword，2014 年 11 月 8 日。

　　⑤ 　Capgemini Consulting-Sécurisation de L'Internet des Objets：La cyberécuritéau coeur des objetés。资料来源：https://www.fr.capgiini.com/ressource/securisationde-linternet-des-objts-la-cybersecurite-au-coeur-des-objet-connectes。

　　⑥ 　Google-Activity controls。资料来源：https://myaccount.google.com/activitycontrols。

境的敏感性也会带来新的不便,正如 Natalie Kane 和 Tobias Revell 在 2015 年 2 月推出的"闹鬼机器"项目显示的那样,证明也是极具侵害性的。对于 Natalie Kane 来说,数字技术受到其个性化用户体验能力的影响,或者更确切地说,是因为他们缺乏充分考虑其发展环境的能力。例如,他们制造焦虑,使痛苦的记忆重新浮现,而不是通过诸如"在这一天(On This Day)"①之类软件的功能在社交网络上提醒我们快乐的事件。可见,这些技术难以把握现实的复杂性。尽管使用了强大的计算机为我们的数字空间赋予了意义,但他们让我们接触的多媒体数据的意义不断消失。数据挖掘算法可以用来显示以前在我们的屏幕上共享的生活场景图像,但是它们不能预测它们重新出现引起的反应和感受,因为这些感觉依赖于无法计算的无穷大的变量。

Lauren McCarthy 的艺术作品突出阐述了连接对象在这方面的不足,它们无法充分考虑到它们所处的环境和它们的主人所经历的情感。2014 年,她和 Kyle McDonald 共同创建了 pplkpr 项目(称为"人的守护者"),通过提供一个安装在移动电话上的应用程序来探索物联网的摄入程度,它能够在"智能手表"的帮助下对心率进行分析,从而代替我们对日常生活做出决定。幽默的是,应用程序 pplkpr 承诺优化用户的社交和职业关系,自动安排用户与可以唤起积极情绪的人会面,还可以通过结束社交网络上的人际关系来限制那些引起愤怒或压力上升的人的曝光率②。这个艺术项目,采用的是移动应用程序形式,要询问使用这些穿戴技术的用户的身份。用户是否真的处于这样一个过程的中心,以便使他们更多地意识到自己的情绪、周围环境和周围的人? 或者,实际上与其相反,他们只是间接地与数据采集设备的分析和功能价值有关? 为了回答这个问题,某些艺术家正在研究私营公司收集到的数据商品化后所产生的力量和财富,并正在设计新的设备,以便他们取得对他们选择的在线内容的控制能力。例如,艺术家 Jennifer Lyn Morone 创造了自己的企业,其明确的目标是挖掘其市场价值。2015 年,在贝勒举行的"数据的诗学和政治"展览中,她的工作使我们能够对数据惊人的范围和策略进行评估,这些数据是由谷歌同类互联网参与者针对一个用户所收集的。

连接的对象改变了我们与社会技术环境的互动方式。它们的存在已经影响了我们的生存方式和沟通方式。它们增加了对我们私生活的曝光,并使我们个

---

① Facebook Help Center-On This Day。资料来源:https://www. facebook. com/help/439014052921484/。

② Lauren McCarthy 和 Kyle McDonald, pplkpr, 2014 年。资料来源:http://laurenmccarthy. com/pplkpr。

人数据的获取形式成倍增加，这就是为什么不能让亚马逊、Facebook、阿尔法特、微软或苹果等公司选择自己的生存模式的原因。连接对象不一定要逃避我们的注意，也不一定要默默地进入我们的日常生活。相反，最好把它们看作是可以商定能见度的对象，这也很可能会产生阻力，导致一些小插曲的发生。连接对象不能被认为是"被施了魔法的"或"仁慈的"对象，其唯一目的是通过它们自发地对我们的存在做出反应，或通过关注我们的活动来使我们惊叹。在所有错综复杂的状态下，它们都需要（为了真正为它们的用户服务）被澄清、被理解，以评价它们的功能，并可能从引入新形式的人机界面或连接开始重新定义它。

连接对象不必被视为黑匣子。相反，物联网可以帮助我们的对象向原始的连接形式开放，把他们的用户置于新的联系网的中心，而不是在边缘，因为他们认为是真正的管弦乐队指挥，或者说是乐手；不仅能够建立连接的对象，而且能够创建或者至少用市场上的传感器和小型单板计算机等元素组装它们。为了更好地服务于其所有者的利益，连接对象必须与接口相连接，这些接口使评估它们的行为成为可能，并且还可以修改它，例如，指定用户想要记录的数据或选择不激活的功能。Julian Oliver、Timo Arhall 和 Lauren McCarthy 的探索性实践表明，艺术家和设计师在物联网的定义中扮演着积极的角色，他们不满足于使用世界上最大的互联网公司创造的连接对象，相反，希望设计他们自己的工具。

8.5　结　　论

通过严格限制用户可能做出的选择，连接对象的接口可以明确地用于定义在交互方面允许的内容。然而，他们的设计者也可以选择强调他们认为更有用的功能，而不一定要删除其他功能，以确保其对象的多功能性，这就可以防止它们被视为用于完成特定任务的简单工具。当设计人员不想用连接对象来要求用户完成一系列以前定义的操作时，数字接口有能力邀请用户以"练习乐器"的方式进行实践。因此，他们鼓励数字技术的工具性实践，也就是说，这是一种冗长的、无休止的自我维持的实践。

艺术家 David Rokeby 是众多互动装置的创建者，数字界面提供了由山丘、平原和山脉组成的景观，供人们穿越［ROK 98］。他们的使用者探索山丘，聚集平原，但他们有时也参与爬山活动。因此，他们需要帮助，才能从中获得提升。在这方面，连接对象不能将透明度作为目标。用户必须看到一个界面，才能让他们控制自己前进的旅程。但是，连接对象的接口不需要连续布置，相反，它可以适应用户的需要，以支持设备的相关形式出现，这种支持设备是可以被感觉到的。

连接对象必须在用户认为合适的情况下通过它们的接口获得,就像 Mark Weiser 和 John Seely Brown 在"宁静技术"所描写的设备一样"[WEI 96]。

这种可见性状态不是建立在任何技术基础之上的,它代表了 Don Norman 提出的交互设计的主要原则之一[NOR 10]。它与透明度传奇相搏,因为它要求数字接口以其本身的形式出现:提供对多媒体数据访问的技术对象,其功能必须能够被理解并被逐步掌握。连接对象的透明度也值得质疑,因为它是建立在私人参与者控制形式之上的。最短的单词,最小的动作,都能被检测到,并成为计算机处理的对象,其目标是简化人机交换界面,不再依赖个人寻找适合用户配置文件或特定上下文的数据。透明度传奇是虚构的,在这种虚构中,普遍的监视状态是由于我们与数字设备交互时具有流动性和随意性的原因,有时甚至没有意识到这一点。

虽然这些交互中的隐含性质有时在用户体验方面提供了真实收益,但无论如何也不可能成为规范。在我们的个人数据被大量索引和分析的时代,而且政府机构和私营企业具有同样多的数量,我们必须能够区分数字设备和它们所处的环境,并且我们能够理解它们的接口,以便控制对我们数据的访问和知道它是如何被利用的。不应设计任何技术装置来规避我们的注意,但相反,应使用者的要求,能够观察到它的所有复杂性(即使此状态与其初始表示方式不相对应)。就像手工折纸一样,数字接口需要能够在用户手中无休止地展开和重新折叠。

参 考 文 献

[BOL 03] BOLTER J. D., GROMALA D., Windows and Mirrors: Interaction Design, Digital Art and the Myth of Transparency, MIT Press, Cambridge, 2003.

[BOL 00] BOLTER J. D., GRUSIN R. A., Remediation: Understanding New Media, MIT Press, Cambridge, 2000.

[DIB 15] DI BARTOLO F., "Déjouer les interfaces" Interfaces numériques, vol. 4, no. 1, pp. 57–70, February 2015.

[GRA 09] GRAU O., "Living Habitats-Immersive Strategies", in SOMMERER C., MIGNONNEAU L. (eds), Interactive Art Research, pp. 170–175, Springer, New York, 2009.

[HOD 94] HODGES L. F., ROTHBAUM B. O., KOOPER R. et al., Presence as The Defining Factor in a VR Application: Virtual Reality Graded Exposure in the Treatment of Acrophobia, GVU Technical Report, Georgia Institute of Technology, Atlanta, 1994.

[HUY 14] HUYGHE P. -D., A quoi tient le design?, De l'incidence Editeur, Grenoble, 2014.

[KRA 07] VAN KRANENBURG R. The Internet of Things. A Critique of Ambient Technology and the All-seeing Network of RFID, Institute of Network Cultures, Amsterdam, 2007.

[LAV 00] LAVIOLA J. J. JR., "A Discussion of Cybersickness in Virtual Environments", SIGCHI Bulletin, vol. 32, no. 1, pp. 47-56, January 2000.

[LES 00] LESSIG L. , Code and Other Laws of Cyberspace, Basic Books, New York, 2000.

[MAE 06] MAEDA J. , The Laws of Simplicity: Design, Technology, Business, Life, MIT Press, Cambridge, 2006.

[MOR 12] MOROZOV E. , "The Death of the Cyberflâneur", The New York Times, February 4, 2012.

[NOR 10] NORMAN D. A. , NIELSEN J. , "Gestural Interfaces: A Step Backward in Usability", Interactions, vol. 17, no. 5, pp. 46-49, September 2010.

[NOR 98] NORMAN D. A. , The Invisible Computer, MIT Press, Cambridge, 1998.

[ROK 98] ROKEBY D. , The Construction of Experience: Interface as Content, Addison-Wesley, New York, 1998.

[ROS 15] ROSE D. , Enchanted Objects: Innovation, Design, and the Future of Technology, Scribner, New York, 2015.

[SIM 12] SIMONDON G. , Du mode d'existence des objects techniques, Aubier, Paris, 2012.

[STE 14] STERLING B. , The Epic Struggle of the Internet of Things, Strelka Press, Moscow, 2014.

[WEI 99] WEISER M. , "The Computer for the 21st Century", ACM SIGMOBILE Mobile Computing and Communications Review, vol. 3, no. 3, pp. 3-11, 1999.

[WEI 96] WEISER M. , BROWN J. S. , "Designing Calm Technology", PowerGrid Journal, vol. 1, 1996.

[WOL 10] WOLFF M. , ANDERSON C. , "The Web Is Dead. Long Live the Internet", WIRED, August 17, 2010.

第9章 物联网中人体的状态:变革还是进化?

9.1 引　言

物联网涉及对物理世界的控制,在许多活动领域都有可能通过一个以物质对象开始的处理加工链来测量其环境,将信息返回到另一个对象或中央数据集成系统,该系统也能够进行大数据分析。对物质世界的有效控制要么是通过综合信息的复原(以人类或机器容易解释的形式),要么是通过装有激活装置的连接对象的反馈。因此,物联网改变了人们能够感知环境的方式,并与环境中的对象进行交互[DIB 15, 第76页]。

物联网除了适用于严格意义上的工业世界之外,还适用于个人及所处环境范围内能够穿戴的设备、家庭自动化工具或手持式物体等领域,同时也适用于一个国家的社会组织。因此,我们对物联网提出了许多相应的问题,如行为控制、社会可接受性、在物理世界中的存在,以及在用户真实而有感知的身体中存在等问题[WEI 99]。

本章我们探讨物联网中人体的状态,首先研究运动和电子健康领域的人体。

9.2 人体在运动和电子健康领域中的存在和缺失

物联网创造了人的形象,并以改变这个人的行为作为回报。设想一下,连接对象向你展示的是你自身叠加在传统图像之上的形象,即这张脸和这个身体,现在你能意识到自己心脏在体力活动中以一定的速度跳动,这个数量是随着体重曲线变化的,你的呼吸频率可能超出某一标准规范值,而第二天你会把自己睡眠控制在良好的状态,你监测你的状态特点并研究你的可伸缩曲线。在你体内,在你的头脑之外失去的东西,突然变得可见,在屏幕上可读,并被它的存在吞噬了你的整个大脑。你对自己身体的自然或医学变化的自我控制能力,使你的身体

本章作者:Evelyne Lombardo,Christophe Guion。

状态更多地呈现在你面前,但是这个在屏幕上转化成曲线的可感知的身体,并不是一个活跃的、真实的身体。

只要一切顺利,"健康"和"移动健康"就会鼓励人们以自恋的方式关注自己。在体育领域,物联网测量个人的表现,鼓励人们超越自己。有了社交网络的支点,人们通过与其他人绩效的比较,增加了对绩效的追求。就个人年龄而言,不再是注意能否有进步,而是限制退步的问题;比较工具会及时地称赞相关的运动成绩(例如,"就你这个年纪而言,已经做得很棒了")。

当人体衰退时,从连接对象发出的指示信息可流向电子健康设备,这是医学数据库,可以继续跟踪检测人体。

9.3　人体的可跟踪性或数字教练对数据的整合

物联网可以让你追踪自我经历,追踪自我的行为和个人风格。这仅仅是一个传感器及过程分析的问题,通过产生的数据向你提供能够升级的身份信息:"次数,日期,所在的地方……",你打喷嚏,你流鼻涕,你打哈欠,你微笑,你大笑,你哭泣,你说话,你在运动,你不动,你交流,你写作,你读书,你开车,你和朋友在一起,和家人在一起,在办公室。还可以同时记录环境特征,如噪声水平、空气质量、湿度、花粉和光线。生理特征也都是可以追溯的,如心率、出汗、呼吸急促、运动速度和入睡速度。克里斯·丹西就是一个例子,他是一个高度连接的人,通过使用连接对象来日夜监控自己,这是这种个人数据的极端例子。

因此,该算法由连接对象日复一日地提供数据,它分析了你与环境相处之中的行为和生理。

物联网为算法提供了信息,算法分析了解了你,要么是因为你为它提供了你的爱好,要么是因为它耐心地分析了你的行为;它能够以建议的形式提供有价值的东西,该建议形式是与你以前的品味或反响相一致的。

如果群体中所有人是连接在一起的,那么所有的成分都可以用来对这个群体的物联网数据进行"大数据"分析,以推断出特征和模式。然后,一个人就可以使用平板电脑的数字教练应用形式,将他的行为与这个群体的行为进行比较。

这就提出了规范的问题,因此,对这些规范之外的任何东西的处理,它们所造成的社会压力,以及你的处境(与其他时间你的处境相比)所引起的个人行为,或者与其他人相处的环境都会提出问题。

还提出了与这个数字教练的个人关系和可接受的控制条件的问题。因此,允许对人体进行地理定位的系统可以构成一个"Everyware",就像 Adam

Greenfield 所称的"Everyware"［GRE 14］,在这个地方,身体状况总是完全被追踪,没有拒绝的权利。

9.4 物联网创建了一个围绕着人体的信息流：一个现实的、可读的、可追踪的群

物联网包含了若干对象,它们可以发射或接收信息流。如果我们设计出与个人有关的突发信息,并来自不同对象,这些对象既测量人的身体状况,也测量人的活动状态,然后,就可以在我们提议的术语"云"(人体或事物相关的数据云)所定义的时间和空间内进行观测。

我们将云定义为信息流的集合,该信息流是由用户发自或发向每个发射或接收传感器/执行器的,信息是自主或非自主提交的,并用传感器进行测量。

定期传送的信息涉及物理参数(地理定位、计量、静止图像和动画图像),社会生活行为和要素(睡眠、面部表情、眼神、说话时间、身体动态、对话者的管理),生理因素(体温、心率、盐水平、葡萄糖代谢、氨基酸代谢)。在这一阶段,我们应该注意到,一种新类别的传感器将随着整形手术的进展而迅速增长,这是因为整形手术引入无机元素来代替生物器官(人造心脏、手臂、眼睛等)。

因此,云是相对于个人或其他对象的信息流,例如通过物联网观察到的家庭。云由来自传感器传出的信息和传入执行器的信息组成。所涉及的传感器和执行器要么是佩戴的,要么是个人以自我测量的方式使用的(可穿戴的设备和移动健康工具),或者是在个人随意可见的范围内的(在家庭自动化或汽车的物联网中)。

根据物联网系统的不同,信息可以主动发送(发送订单、确认或 NFC 标识),或非主动发送(考虑到地理边界的地理信息实施行动,发出警报等)。云还包括从某些智能建筑或智能城市传感器(如固定占位传感器或摄像头)中获取的信息,而不需要个人自动检索(此时没有自动识别功能)。

云与群组信息系统有着很紧密的联系,这些系统的作用是通过响应(打开门、打开风扇、提示弹奏情绪音乐、触发警报等)为个人提供服务的,或在界面(如智能手机屏幕)上显示信息。它的信息系统是不同的云(存储、计算、分析),每个云管理一个专门的服务。

令物联网难以创造价值的薄弱操作点在于它的创造性和专业化服务的倍增,由于它们由不同的编辑器分别提供和管理,每个编辑器使用自己的技术,每个编辑器都注重保持自己的数据流,如何才能转换这些重叠的数据流并构建一

个完整的、连贯的、集中的个人视图呢？

9.5　交互之中的人体：由共享云通报环境信息

我们越来越多的专业活动，以及个人生活中的一些重要活动，都涉及远程交互，与面对面的通信相比，它提供的功能是有限的，应对这种通信质量下降的工具同样是有限的。

甚至在准备开始对话之前，都可以通过微软通话器（Microsoft Communicator）实时地在邮件收发软件（Outlook）的信息传递系统中验证未来的对话者个人日历上的内容，设想一下，当给你一个绿色的信号时，表示你的对话者是"有空的"。然后，你可以尝试通过电话联系，其中唯一的迹象就是他没有参加预定的会议或没有正在接电话。目前，与面对面通信最接近的远程通信形式是视频通信。这种通信形式尚未广泛应用，由于对话者的情况不对称，视频通信并不总是切实可行的，例如，在一辆车里，在公共交通工具上，在一个没有隐私的地方，等等。

要想通过模仿面对面交流方式的丰富性来改善通信环境，可以想象使用交换云。对话者对云的实时掌握，就能够将一些相关要素加入通信交流内容之中。通过他的汽车进行电话交流的人将向他的对话者（在尚未定义的接口的帮助下）提供他们的驾驶状况信息（理想的做法是提供驾驶环境的实时镜头），例如，相对速度、接近车辆、旋转速度和加速度等信息。这样，对话者就能够通过理解通信环境的各要素更好地表现出共鸣，这就解释了为什么沟通不像在办公室里打电话那样顺利。克里斯·丹西的"内网"，即个体与连接对象的环境完全互动的地方，听取它们对我们经历的反馈似乎并不遥远，并且在这种互动设计的愿景中，身体和环境成为界面。一个人的身份将由这种互动来定义［CAT 15，第 95 页］。

9.6　云，坚守和信任：没有权利被遗忘的映射体

警方的调查包括找到物证，例如地点、行动或信息交流。在物联网时代，传感器将一组信息永久地发送到云层，这是物理世界的存档中心，这是一种发展。它还涉及人类的身体和生理特征及位置和运动的特征。在大数据时代，它有可能（有时也是必需的）利用精确提取的视觉整合重建单个云。

创新之处在于在时间和空间上的精确性，再加上记录在云中的数据具有潜在的长期持久性。隔离和交叉引用数据的能力进一步丰富了这种融合，而且这

些数据是为大数据分析服务的。

改变主意会变得更加困难吗？在采取行动之前,我们会反思或考虑得更多吗？我们将如何控制偏差呢？行为规范会改变吗？

用户对数字公司的信任还有待建立。今天,每个人都把自己描述成一个值得信赖的第三方,但要使其成为值得信赖的用户,就得靠企业去做说明和实际行动。用户应该对数据有多大程度的控制？法律法规对此有何看法？应该发展哪些数字服务来使用户信任？

想象一下,一个服务可以保证对来自用户云的所有信息进行加密。例如,加密密钥可以链接到用户的智能手机,物联网在靠近智能手机发射的所有信息都会受到密钥的影响,密钥也允许对物联网集群(包括相机)进行解密。在后验分析中,应具体要求(调查委托书或为了特定用户)这些参与者只有通过云所涉及的人的自愿行为才能对这些信息解密。

然而,应该指出,在这一点上加密几乎是不可能的,因为物联网中现行的安全水平不高。智能手机是物联网中最活跃因素,它的信息加密系统自身任由黑客、国家情报机构和专门破译密钥的安全企业公司所摆布。个人是否仍然能够控制他所传送的数据(无论是自愿的还是非自愿的)？

9.7 人体,一个在超控制和自我控制之间的交互对象

为通信而创建的连接对象主要是可穿戴设备(如一个步长计数手镯),它们伴随着物联网而诞生。然而,并不是每个连接对象首先都是为了通信而创建的。另一类交流对象正变得越来越流行,向对象添加传感器和通信模块的主要功能并不是为了通信(如一台汽水机,当它达到需要加注的阈值时会发出警报)。

谈到物联网,也意味着通过接入网和网关描绘物体对象对互联网的依附,它还意味着讨论来自对象的数据,这些对象也是服务平台数据的提供者。最后,这些数据由提供增值服务的算法处理,这也是物联网服务于企业的目的:提供综合信息、向自动机或执行器反馈指令等。

超连接的人[CAT 15]产生数据。动作传感器测量他的移动状态、运动速度和完成这些活动所用的时间。心脏活动是用心脏频率计来测量的,人体变得超受控制,我们逐步进入"量化自我"的文化状态,这是一种缓慢和不知不觉间测量身体的方法,测量结果要通过网络传播[LAM 14]。

因此,物联网的影响已经扩展到私人领地。利用智能家居就能使你处于一个健康、幸福、能源优化的世界;利用功能不断拓展的便携式连接设备就能实现

人在运动中的自我控制（包括营养、活动、睡眠、体重、心脏、呼吸等），从而也就影响了提升人的个体行为。物联网向我们承诺，我们能够作为老年人呆在家里独立生活更长时间，从而促进了强加于社会的医疗转型。但是，在实现身体自动控制的同时，用户对自身传输的数据是缺乏控制的。这样，物联网让你选择你的智能手机机壳和你喜欢的吸尘器品牌，而不是连接他们之间的关系［STE 14］，人体处于控制和同时被控制的矛盾之中。

9.8　结　　论

在本书的末尾，我们可以再次问这个问题：物联网是一种进化还是一场变革？

物联网是获取实测数据和远程传输这些测量数据的艺术。物联网的最初目标是分析、更好地理解并最终在有机的、物理的或数字世界中采取正确的对策。这是一个"信息—分析—回应"循环，在工业世界中堪称经典，它构成了一种技术的进化。

因此，物联网的影响如下：

（1）优化人类各种行为功能。

（2）增加工业活动本身影响力。

（3）从机械软件一体化系统、个人或社会实体的行为根源上影响整个动作反应状况。

（4）鼓励用户根据个人行为对每项服务进行个性化处理（风险管理）。

（5）在行为层面，促进个人和集体领域的规范效应。

然而，物联网也促进了公共和私人领域的变革。如果联网汽车不再需要人来驾驶，并变为一个生活空间，那么，公共交通及工作场所中的某些要素就必须加以修改。

物联网改变了物理世界的表象，并通过数据可视化为世界扩大了还未探索的范围，而数十亿部电话的广泛存在使数据可视化成为可能，这是一种涉及制图技术的好方法。智能手机和主人一起旅行时，会留下自己的状态和行程路线的痕迹。这样，移动电话的地理定位，使得能够在一段时间内绘制电话携带者的密度热图［GUI 15］。交叉参照这些地图与相关特定的事件，就能够使人们研究该群体的行为，并做出恰当的响应。在个人层面上，分析"观众"在屏幕前的一系列动作［WEI 99］，再加上通过其他物体（如照相机）对他的注意力进行分析，还可以在"信息—反应"循环中进行行为研究。这些涉及电话和智能手机的制图技术预示着其他图形的出现,图中涉及了来自生物、医学、环境等感应器的状态数据。

因此,我们进入了无所不在的计算时代[WEI 93],最深奥的技术是那些已经变得看不见的技术。技术结合在一起,构成了我们日常生活的结构,以至于与我们的生活变得不可分割[WEI 91,第 94 页]。

总之,关于人体和人类差异性的这些问题符合了当前人们的口味。例如,如果人类和人体都被转化为数据,人类将如何面对对方? 如果人类不再面对他人,它是否仍然是人类[REN 14]?

参 考 文 献

[CAT 15] CATOIR-BRISON M. -J. , "Quand le corps de Chris Dancy devient un objet connecté spectaculaire", Actes du colloque H2PTM'15, ISTE Editions, London, 2015.

[DIB 15] DI BARTOLO F. , "Transparence et opacité des objects communicants", Actes du colloque H2PTM' 15, ISTE Editions, London, 2015.

[GRE 14] GREENFIELD A. , "All watched over by machines of loving grace: Some ethical guidelines for user experience in ubiquitous-computing settings", Boxes and Arrows, 2014.

[GUI 15] GUION C. , LOMBARDO E. , "Analyse de la cartographie par la géolocalization à l'heure de l'Internet des Objets", Actes du colloque H2PTM'15, ISTE Editions, London, 2015.

[LAM 14] LAMONTAGNE D. , "La culture du moi quantifié-le corps comme source de données", ThotCursus, available at: http://cursus.edu/article/22099/ culture-moiquantifie-corps-comme-source/#. Vv_ tgHoc-NT8, May 26, 2014.

[MER 13] MERZEAU L. , "L'intelligence des traces", Intellectica, no. 59, pp. 115-135, 2013.

[REN 14] RENUCCI F. , LE BLANC B. , LEPASTIER S. (eds), "L'autre n'est pas une donnée, Altérités, corps et artefacts", Hermès La revue, no. 68, 2014.

[STE 14] STERLING B. , The Epic Struggle of the Internet of Things, Strelka Press, Moscow, 2014.

[WEI 91] WEISER M. , "The Computer for the XXIe Century", Scientific American, vol. 265, no. 3, pp. 3-11, 1991.

[WEI 93] WEISER M. , "Hot Topics: Ubiquitous Computing", IEEE Computer, vol. 26, no. 10, pp. 71-72, 1993.

[WEI 99] WEISSBERG J. L. , Présence à distance. Déplacements virtuels et réseaux numériques: pourquoi nous ne croyons plus à la télévision, L'Harmattan, Paris, 1999.